U0216886

本著作由 2019 年广西学位办学位与研究生教育改革课题"'一带一路'背景下汽车技术翻译硕士校企联合培养机制研究——以东风柳汽东南亚市场为例"（项目编号 JGY2019146）资助，为项目研究成果

缩小技术领域
技术化生存对人类的限制

[美] 德米特里·奥尔洛夫　著

吴晶晶　周桂香　译

翻译团队：班源　王月茹　李帆

顾云　徐娟娟　饶星

厦门大学出版社　国家一级出版社

XIAMEN UNIVERSITY PRESS　全国百佳图书出版单位

图书在版编目（CIP）数据

缩小技术领域：技术化生存对人类的限制 /（美）德米特里·奥尔洛夫（Dmitry Orlov）著；吴晶晶，周桂香译 . — 厦门：厦门大学出版社 , 2021.12
书名原文：Shrinking the Technosphere: Getting a Grip on Technologies that Limit our Autonomy, Self-Sufficiency and Freedom
ISBN 978-7-5615-7871-1

Ⅰ . ①缩… Ⅱ . ①德… ②吴… ③周… Ⅲ . ①科学技术—普及读物 Ⅳ . ① N49

中国版本图书馆 CIP 数据核字（2020）第 159220 号

著作权合同登记号　图字：13-2020-046 号

出 版 人	郑文礼
责任编辑	林 鸣

出版发行　厦门大学出版社

社　　址　厦门市软件园二期望海路 39 号
邮政编码　361008
总 编 办　0592-2182177　0592-2181406(传真)
营销中心　0592-2184458　0592-2181365
网　　址　http://www.xmupress.com
邮　　箱　xmup@xmupress.com
印　　刷　湖南省众鑫印务有限公司

开本　880 mm×1 230 mm　1/32
印张　8.875
字数　220 千字
版次　2021 年 12 月第 1 版
印次　2021 年 12 月第 1 次印刷
定价　48.00 元

本书如有印装质量问题请直接寄承印厂调换

厦门大学出版社
微信二维码

厦门大学出版社
微博二维码

作者简介

德米特里·奥尔洛夫(Dmitry Orlov)出生于苏联列宁格勒(今天的俄罗斯圣彼得堡)的一个学术世家,20世纪70年代中期移居美国。他拥有计算机工程和语言学学位,并在多个领域有所建树,包括高能物理、互联网商务、网络安全和广告。

自2005年以来,德米特里发表了数百篇文章,出版了多部著作。他做过许多演讲,接受过许多采访,并多次在会议上做主题演讲。他的作品已被译成多种语言。

十年前,德米特里在生活方式上做出了巨大的改变,即用赖以为生的工作和财务安全来换取弹性、自给自足和自由。他放弃了在波士顿高科技公司的工作,卖掉了公寓和汽车,买了一艘帆船,扬帆起航。这个实验引发了各种各样的讨论:在保持生产效率、舒适和文明的同时,可以在多大程度上缩小和简化一个人的生活方式,需要哪些技能和技术,哪些是多余的;必须决定哪些特定的技术元素适合这种生活方式,哪些不合适,哪些是有害的。

这使他自然地把注意力集中在更广泛的问题上，即有意识地、深思熟虑地做出技术选择。

目　录

正处于危险境地 / 051

 进港及出港 / 079

9 伟大的转变 / 233

引 言

近两个世纪以来，新兴的先进技术和更为高效的生产方式改变了早期商业模式和日常生活方式。旧式的家庭劳动形式已几近消失，例如生火做饭、搅拌黄油、纺纱织布、鹅毛制笔和手工造纸等。大多数人都对高科技替代品感到满意，例如微波炉、包装食品、廉价进口纺织品以及无处不在的电子设备，而这些使越来越多耗时费力的事情逐渐变得简单。我们现在能在不到一天的时间内就跨越整个地球，但这在过去需要数月才能做到；当外出旅游时，我们也不必再套着笨重的老式马车，只需轻轻转动车钥匙就能获得数百马力。

但这些高科技产品在带来舒适、便捷和奢侈体验的同时也有其负面影响。

首先，几乎没有人考证过新兴的生产方式背后究竟何为效率。假如高科技的工作方式真的如此高效，那么我们都应该生活得十分轻松愉快，毫无压力，并且有大量的空闲时间醉心于艺术等在数个世纪前只有极少数特权阶级才能享受的东西，而上述这些还不包括频繁的休假以及随心决定的退休日期。

可现实情况却并非如此，人们心力交瘁，比以往任何时候都更为忙碌，直到垂垂老矣才可以退休——这些应该已经为我们敲响了警钟。新技术虽然使得某些方面更有效率，但是否对你也是如此呢？实际上，事实证明，这种效率仅仅是对企业利润而言的。即使以该"效率"作为衡量标准，如果考虑到其对环境的损害和这种损害对我们的负面影响，以及对它们完全补救所付出的代价，那么新技术也仍然存在缺陷。

其次，高科技损害的不仅是环境，还有社会。虽然技术进步因提高了单位劳动生产率而被吹捧为"节省人力"，但大部分的技术进步实际上是在破坏劳动，因为它们不是单纯的提高劳动效率，而是通过机器劳动和化石燃料所产生的能源来代替人力劳动。取代了人类的机器人是不会提高人类生产力的，而会完全摧毁人类。自动化使我们变得多余。机器人能为我们工作，也许并不是很糟，这样我们就可以将节省下来的大部分时间用于音乐、舞蹈和诗歌。但在资本主义经济中，只有少数的资本家能够享受这样的闲暇时光，尽管没有他们这些机器人依旧能正常工作，但机器人创造的价值却全归资本家所有。我们其余的人，曾为自己的生产能力感到自豪，但终将被迫从事卑微的服务工作，直到连这些工作最终都可能被互联网技术和越来越多的机器人取代。

再次，尽管人们普遍认为机器是为我们服务的，但事实并非如此，相反，越来越多的人似乎是在为机器工作。人们通过在线课程学习，并通过参加每个单元课程结束后附带的自动测验来"取悦"机器；人们忠实地关注并遵循手机提供的建议；人们在网上填写了大量的表格。此外，技术的脆弱以及迅速更迭，导致人们将本就匮乏的经济资源浪费在无休止的技术更新换代上。为了防止出现技术故障，许多技术专家和相关工作人员不得不随时待命。说到我们的个人生活，交友网站会提供择偶建议，但这种配对算法是否真能帮助我们找到真爱，还是说这种算法只是简单地将我们当成牛一样在配对？

最后，技术似乎扭曲了人类的个性。一两个世纪以前，很少有人会对自己的木工工具、纺车和织机"上瘾"。我们或许会热爱它们，在它们身上花费大量的时间，我们会打磨自己的工具，给它们上油，用精美的油漆和精妙的雕刻来装饰它们，将它们当作宝贵财富自豪地馈赠给自己的亲友。但它们仅仅是有用的物品而已，不会让我们变成"恋物狂"，也无法左右我们的情感。

然而，当今网络成瘾已司空见惯，许多的网络成瘾者甚至会寻求医疗手段。越来越多的人对自己的智能手机有近乎病态的依恋：人们不断地抚弄手机；强迫自己查看邮箱和社交软件；当手机无网络连接或电量耗尽时，人们甚至会出现"戒断反应"。几个世纪以前，当马车作为人们出行的不二选择时，人们可能很喜欢自己的马，但几乎不会把它们当作自己个性的象征；反观现在，人们对于自己汽车的态度与以前截然相反。

现在的孩子们在电子游戏中长大，他们从小生活在各种由按键操控的微小的虚拟世界中，那个世界只能隔着电子屏幕去体验，这使他们觉察和体验真实世界的能力变得很弱。如果让现在的孩子们去干一些过去一出生便要掌握的技能，如挖土豆、补渔网、烤面包或磨剪刀，这些孩子很可能会不屑地告诉你，他们并非来自那些贫穷的第三世界国家。科学技术剥夺了这些孩子生活中最大的乐趣之一，那就是自己动手制作东西。

曾经，工具和机器是我们的身体和思想的延伸，但是现在我们却成了机器的奴隶，依赖机器来维持我们身心健康，甚至是自我意识。离开了技术，我们就一事无成，甚至会出现失范和人格解体的症状。2011 年，联合国宣布，上网是一项人权，擅自切断人与互联网之间的联系应视为侵犯人权。站在几个世纪以前的角度来看，在几世纪后这种观点就和宣称注射海洛因或骑独角兽也是人权一样荒谬。

　　综上所述，即使技术再便利，还是会有其消极的一面。只要你我足够留心，就会发现有很多技术带来的明显的消极影响萦绕在你我的周围。这些难道不是对技术总是积极、实用、良性的质疑吗？但人们普遍认为技术是美好的，更新的技术总是更好的，技术越多越好，无论出现什么样的问题，最终拯救我们的还是技术。与其说我们依赖于技术，不如说是我们选择让机器控制自己，或者说我们愿意成为机器的附庸。但愿人们对技术的依赖还没有成瘾！实际上人们完全可以避免这种情况！例如，可以从控制自己翻找口袋中的手机开始。

　　此外，所有的技术都不是那么友好的：只需按一下按钮，机器网络就能消灭地球上的所有生命；技术可以监控人类每一步的行动，窃听人类的每一次通话，并试图预测我们的行为，以便在人类试图摆脱其掌控之前就控制人类。这些都是我们知道和推测的技术。还有一些技术，虽然很常见，但通常不被视为技术框架。尽管这听起来很奇怪，但事实就是如此。

　　谈及控制我们思想和行为的社会机器，尽管它们有着一些人为控制的部分（随着技术的进步，这些部分越来越少），但机器仍然是机器。它们几乎没有为个人的自由意志和判断力留下任何空间。

政治机器的设计不只为选举结果，还营造了民主参与和能在公共事务中发表意见的错觉，实际上这剥夺了人们做出真正有意义的选择的权利，同时剥夺了人们独立思考的能力。如果这些精神控制方法失败的话，那么还会有其他一系列飞速发展的技术手段来控制人们，这些手段包括高压政治、政治恐吓和控制言论自由等。

鉴于以上这些消极因素，完全远离技术，粉碎所有的技术成果，像隐士和牧羊人那样简单生活，或者躲进森林回归自然，这样的生活似乎更有吸引力。但是本书是由技术专家撰写的，他所提供的解决方案截然不同。这些解决方案并非诋毁或否定技术，而是要人类控制它。

要做到这一点，在本书的编写过程中，首先，我们必须正确对待技术，必须摒弃所有的流行词汇、营销炒作思维、伪科学的习惯以及种种不合时宜的言论。其次，我们必须学会正确评估技术：如果技术是高效的，那该如何衡量？谁又将从中受益？我们不该被效率即是企业盈利能力这一说法蒙骗。效率是一种将劳动生产率和资源投入联系起来的指标，只有充分理解投入和产出的所有含义，效率才有意义。例如太阳能电池板，它只是简单地吸收太阳辐射来发电吗？不，它的研发使用过程吸收的是所有类型的能源，这些能源主要来自化石燃料。太阳能电池板从研发到使用需要经过以下的过程：采矿、炼油、制造、财务、设计、研究、销售、运输、安装、技术支持、维护和处理。事实证明，太阳能电池板的确输出了一定量的电力。它通过吸收阳光将大量化石燃料的能量转化为少量的电能，那么其效率如何？也许更少地使用太阳能电池板或根本不使用会更好。

为了避免效率的得不偿失，必须学会正确选择技术。对于任何既定的技术产品，销售越多，其效率是否就越高？反之则会越低？是否每种技术都是必不可少的？如果是这样，这种技术是否保持了人们的自主权和行动自由，还是偷偷摸摸地对此加以限制？究竟是解放了人们，还是会使人们更加依赖它？是否帮助人们保持健康，还是会导致人们精神或身体出现疾病？是否会孤立人们或是将陌生人随机地聚在一起，还是让人们更接近喜欢与之共度时光的人？

最后，人们必须学会优化技术。究竟采用何种方式，技术才能带给人类最独立、悠闲、健康和快乐的生活？

这就是"缩小技术领域"的真正含义：将符合条件的技术应用到有限的范围内，在此过程中人们需要精心挑选必不可少的技术，同时还要保证技术易于理解又可靠可控。这事关人们基于自己的利益以及基本条件来重新获得技术使用的自由。

技术始终与经济密切相关。虽然不能完全忽视经济学，但我们需要把其放回原位。因为要使生活有意义，那么纯粹的功利主义以及严格按数字方法处理生活的各个方面都是有严重缺陷的，也不能为人所接受。经济并不是关键所在：宏观经济并不是经济发展、增长、生产力或技术进步的必要条件；微观经济对于盈利能力、市场份额、创新、品牌忠诚度或时尚也并非必不可少。相反，在使用技术的过程中重要的是个人经济，这种经济将人们从经济行为者转换为精简行为者——从"经济"到"精简"，变化微妙，但却大有不同。（译者注：指 economic 和 economical 两个单词变化细微但意思大不相同。）

 技术领域的定义

倒霉的人们

现在，生活在经济发达、工业化地区的人们都很少接触大自然，他们大部分时间都待在气候控制的环境中，与世隔绝。直立行走与灵活的手这种标志性的人类特征逐渐被人们忽视，人们的运动强度逐渐减少，主要靠车辆出行，就算是偶尔下车，也多半是在停车场或超市过道上。而当他们离开城市尝试接触大自然时，通常会选择在标记着"观景小径"的路上边走边观察，而不会冒着危险进入小径边上的真正自然的区域。远离了大自然，人们的身心无法与大自然接触，于是患上各种疾病，例如过敏、自身免疫疾病、自闭症、精神分裂症等。

孩子们出生后不久就开始注射疫苗，为他们免遭常见病原体的困扰、保持遗传抵抗力保驾护航。妇女们分娩遇到困难的时候，会直接接受剖宫产，从而避免了胎儿因无法及时分娩出现危险。当孩子感染时，他们会用抗生素进行治疗，但随着时间的推移，抗生素的效果会越来越差，因为细菌对抗生素产生的抗药性要比抗生素的研发速度更快。那些身患重大疾病的患者通过积极的医学治疗来恢复短暂的健康，并生儿育女，但同时也将患病的风险遗传给了儿女。而那些无法自然生育的人则可以通过治疗重新获得生育能力。

这些措施虽然可以改善人们的健康状况，但也破坏了自然选择。正是因为自然选择，人类物种基因库才得以进化，从而保持健康。上面所提到的措施在短期内能够使人类更加健康长寿，但是从长期来看，不利于"物竞天择"的自然规律，会出现更多的健康问题。从中期来看，由于经济衰退、政治动荡和战争爆发，许多人无法获得医疗服务，这样的结果很是悲惨，相应地，以前消失的疾病就会重新出现。例如，乌克兰现在已经成为欧洲范围内的脊髓灰质炎的发源地，而当年乌克兰并入苏联时，这种疾病就已经消失。

所有的这些麻烦都源于这样一个事实：大多数人的生存环境远离了所有生命共存的生物圈中，生物圈为人类提供清新的空气、可供饮用的水、丰富的食物来源、建造房屋的材料、天然纤维、毛发和皮革等。相反，人类居住在技术领域内，这是一种寄生在生物圈内不断扩大的实体，其正在摧毁生物圈。而最严峻的问题在于，那些居住在技术领域的大部分人，已经丧失了在技术领域以外生存的能力。他们像是被驯养的宠物或牲畜一样，一旦回归野外便不能生存。

可怜的生物圈！

生物圈和技术领域都可以视为生命的有机整体，它们是由无数个相互影响的部分组成的。正如我们无法列举构成生物圈的各类生物体的数量，也无法确定它们是如何互相影响的一样，我们也无法看到构成工业文明的各类人工制品的零件号、库存单位、型号、版本以及物料清单。

但对于关注技术领域和生物圈的人来说，两者之间的差别是显而易见的。

生物圈早于人类数十亿年，除非人类在灭绝时试图毁灭地球或出现一些毁灭地球的宇宙灾难，否则，生物圈在没有人类的情况下也将延续数十亿年。生物圈可以分裂成数个生态系统而不受破坏，并且这些独立的生态系统可以轻松地实现重组。当生态条件良好的时候，生物圈可以进化；当生态条件恶化时，生物圈便会退化。例如，当海洋变暖、酸化和受到污染时，海洋中的浮游生物、磷虾、珊瑚和鱼类数量将会减少，细菌、水母和其他更原始的生物将取而代之。

正如詹姆斯·拉夫洛克（James E. Lovelock）提出的"盖娅假说"，生物圈始终保持着地球的稳定平衡，并以此支持着生命形式的多样化。

技术领域则没有这些特征。技术领域兴起于 18 世纪，是由人类创造并延续的。由于技术间的相互依赖，技术领域无法在不遭到严重破坏的情况下分裂成多个子技术领域。技术领域将技术孤立主义和试图自给自足的举动视为亟待解决的政治问题。

技术领域只能进步，因为随着技术的发展，其理所当然地会破坏以前的生产方式。如打字机、算术计算机和凸版印刷制造商早已被淘汰。

技术领域正在一个有限的星球上追求无限的增长，以越来越快的速度消耗着地球上的不可再生资源，破坏全球自然环境的稳定。总的来说，技术领域很难与自然环境保持平衡。

生物领域和技术领域处于对立状态，势必要拼个鱼死网破。究竟哪一方将会获胜？这对人类又意味着什么？

开端

技术领域并不是凭空出现的，也并非短时间内就得以形成。它随着时间的推移而进化，是长期演变出来的结果。

人类很早以前就会制造工具，这一切似乎都是从生活在几百万年前的能人（Homo habilis）开始的。能人是类人猿，长得并不像现代人，但它们确实会制造工具。Habilis 是拉丁文，意为手巧的。由于在它们的遗骸周围发现了原始石器，这类手巧的人因而得名"能人"。这是一个进化上的突破，在此之前没有任何动物，也没有任何非人类动物能够制作工具。而能人则已经学会有条不紊地利用岩石的互相撞击，使其边缘变得锋利，然后将这些原始的工具用于各种用途。

会制造工具标志着人类的进步。在数百万年里，我们用棒状物挖掘块茎食用，用编织的篮子和渔网捕鱼，投掷标枪猎杀动物，还使用各种其他工具。值得注意的是，工具的演变十分缓慢，甚至直到几千年后，也没有发生明显的变化。另一件值得注意的事是，这些工具只供制作者自己使用，那时并没有专门的工具制造者。制作工具是父母教给孩子的一项技能，人们使用工具来调节自己与自然的关系，而非改变自然使其适应人类，也不是为了给自己构建一个完全与自然分离的替代环境，而是为了更好地与自然相处，融入自然。

进化

几千年前发生了一次重大变化：工具制造突飞猛进，只用了不到一千年就取得了重大突破，如制造了铜工具，然后是青铜工具，然后是铁制工具、轮子、陶器和其他很多东西。新式工具为人类提供了足够的力量来改变自然以满足自身的需求。斧头和犁将森林变成田地，长柄镰刀则用于收割庄稼，锄头和铁锹挖掘了运河，轮式推车将收获的粮食运送到人口中心，这些工具在历史的舞台上大显身手。

种种迹象表明，接受这些创新的人某种程度上比此前的人更不健康、更不开心、更不安全。因为他们的饮食仅限于几种主食，而不再吃他们进化后吃的各种野生蔬果，他们的健康因此受损；为了适应这个充满强制、压抑的社会机制，他们要服从命令且更加努力地工作，为此他们不得不坚守岗位而不能四处游荡，这使得他们更加不快乐；此外，他们缺乏安全感，因为他们不得不依赖于常常歉收的农作物，而不是多变但足够丰富的自然资源，这导致了人们营养不良以及饥饿。

那么，为什么他们没有意识到自己的错误，继续以这种方式生活，而不回到更古老、更简单、更健康的方式呢？一个显而易见的原因是，他们并非为了自己的利益，他们所做的一切是为了他们无意中创造的一个人工合成的社会机器的利益。虽然这个实体在某种程度上满足了人类的需求，但它显然有自己的利益追求：生存、扩张和控制一切。为此，尽管该实体在当时和变形虫一样没有感知力，但却已经有了自己的基本意志，进化出了某些特征，使它最终奴役了大多数人。

这个实体通过提升少数人（萨满、祭司、国王、皇帝）的地位来达到这个目的。这些精英的生活条件比以前要奢侈得多，而其他人的生活条件则要差得多。以前的社会群体享有平等的地位，包括两性平等，而新的社会群体是分层和等级的。他们征服了女性，使少数人沦为奴隶。

这个实体是通过使人们产生依赖性来达到该目的。人们不再像过去几千年里的父母一样，教导孩子制作生活所需的一切，而是开始依赖于专业人士为他们制作工具、房屋、衣服以及更多的东西。他们不再有能力保护自己免受野生动物和其他人的伤害。如今，他们被迫依赖于对暴力实行垄断的专业保镖。

这个实体还通过瓜分领土来达到目的。以前人类居住的区域随着季节和气候的变化而灵活变化，通常遵循着动物的迁徙模式和自然规律，如今他们被分为有着明确边界的大部落。每个人都被要求在指定的地点定居下来，先前常见的移民和游牧生活方式开始被人们排斥，甚至有时会被视为非法行为。

一旦领土被瓜分，人们被分为各个部落，他们就必须保卫领土，否则就有失去它的危险，这就引发了战争。而早期人类没有这种意识，他们认为在这个偌大的星球上居住的人很少，所以为什么不避开你不喜欢的人呢？而现在人们不得不战斗，否则他们将失去一切。在此之前，虽人口少，但人们却是自由的。总的来说，人们从前既快乐又健康，但随着定居的生活方式和农业的出现，人口虽然增加了，但人们开始被奴役，变得痛苦而多病。

突破自然极限

这种情况持续了几千年，文明和帝国的兴衰都在稳步发展。肥沃的土地因过度放牧而贫瘠，土壤因灌溉而严重盐碱化，气候的微小变化破坏了农业系统，使其变得过于专业化，而每一种变化都可能摧毁整个社会。此外，一些地区还出现人口减少的情况。为了将土地开垦为农业用地，许多地区开始砍伐森林，而这些地方最终因水土流失而荒芜。例如，美索不达米亚以前的产粮区现在几乎变成了贫瘠的沙漠。希腊试图通过从种植损耗土壤的一年生植物（如小麦）转向种植和出口更加可持续生长的多年生植物的果实（如葡萄制成的葡萄酒，橄榄制成橄榄油），并进口小麦。

另一些国家中最引人注目的是罗马帝国，虽然罗马人耗尽了他们的土地，但他们依靠朝贡勉强维持了几个世纪的霸权。

但在所有这一切中，技术领域主要在两个方面受到了限制，这使得它造成的损害具有自限性。第一个限制与能源有关。技术领域所获得的一切能源都来自植物通过光合作用吸收的太阳能，这些能源被直接用作燃料，或者间接转化为动物或人类的肌肉力量。虽然风车和水轮可以提供一些能源，但总的来说，技术领域必须有严格的能源范围，这个范围则是取决于大自然能提供什么。第二个限制是地理上的。当时的技术还无法操控整个地球，也无法从任何能找到资源的地方去掠夺资源。每当一个文明崩溃，人口减少、土地荒废、退耕还林时，地球就会恢复生机。

征服自然

最终，一切都发生了变化，技术领域已经从改造自然以适应其目的转变为取代自然。在某种程度上，从18世纪开始，科技的发展便使技术领域能够从沉寂的自然中获取能量，而这些能量在几万年前就被封存在地壳中。先是煤，然后是石油、天然气，最后是铀，它们以更集中的形式产生的能量，要远远超过通过光合作用或从其他可再生能源获得的能量。此外，地理上的限制也逐渐消失，随着能够环球航行的帆船的出现，只要地球上仍有可开发的地方，就可以从那些地方获取自然资源。

技术领域现在不再受生物圈时空的限制，规模不断扩大。它也不再受人类劳动成果的限制，自从发明了水轮和风车后，机器劳动逐渐取代了人和动物的劳动。蒸汽机最初是用来从煤矿中抽水的，随着它的发明，机器取代人力的时代就真正开始了。曾经走在犁后面的农民，如今坐在装有空调的拖拉机驾驶室中，在卫星导航的帮助下，按下按钮就可以工作了。农民的工作也不再长久稳定，最新的农业技术就包括了无人驾驶拖拉机。

随着体力劳动的逐渐消失，部分脑力劳动也变得多余，因为计算机取代了以前由人完成的大部分工作。计算机算法现在执行的许多功能以前是由人类手动完成的，如归档文件、制订旅行路线、选择投资和在社交媒体上结交朋友和寻找伴侣。但在某些领域，机器是无法取代人类的，例如在教育幼儿方面，技术领域的目的是使人类的行为尽可能地像机器人一样的方式运转，教师的评估基于学生在标准化测试中的表现，但是只有某些东西可以用这种方式测试，即死记硬背和机械技能。一切无法通过测试衡量且必须依靠人们判断力的事物都被抛之脑后，因为教师们现在被迫减少教学时间，以便集中精力指导学生在标准化测试中取得优异成绩。

教育领域发生的事情令人震惊，同时还有许多其他的例子。在每一个领域以及人类的各项活动中，技术领域的目标似乎都是一样的，即尽最大可能使该领域技术化。也就是说，减少人类的主观判断，避免人类在做决策时依靠直觉，并通过强迫每个人按照书面程序行事来减少自发行为。尽管以前这很难强制执行，但现在几乎每个工作场所都有电子监控系统，人们的一举一动，甚至是敲击键盘都会通过摄像头记录下来，这迫使每个人出于恐惧而进行自我监督和审查。

以前的许多工作，例如在装配流水线上工作，既乏味又没有成就感，但是现在这些工人大多数都被机器人取代了，不再有任何作用。或者更确切地说，他们只有一个剩余功能：消费。但这带来了一个显而易见的问题：为什么机器，或者更确切地说，机器的所有者应该继续支付被裁工人的工资？回答是：他们没有这个义务，也不会这么做。

这一进程的最终结果是，数以百万计的人在经济生活中变得多余，而与此同时，数以百万计的人再也无法获得自给自足所必需的物品。有一个具体的例子：自古以来，除了在最极端的情况下，每个人都可以指望能在家人的照顾下死在自己的床上。但是现在，即使死亡也已经被技术化和专业化了，他们几乎都会在医院或收容所中去世，偶尔会有一个报酬很低的护理人员照顾他们。唯一能指望在临终前得到良好护理的人是非常富有的，请注意，这份关心并非来自他们的家人，而仅仅因为他们能负担得起更高质量的雇佣服务。他们可以指望的是，医疗系统会尽可能让他们活着，尽管这违背了他们的意愿以及常常违背他们家人合理的判断，有时医疗系统甚至会让他们起死回生，让他们以植物人的状态维持生命（就像我父亲那样）。这种情况发生的可能性很大程度上取决于他们是否有足够全面的医疗保险，但这实际上不是一个财务问题。毕竟，把资源浪费在那些预后无望的人身上，从经济的角度并不完全有利。更确切地说，这是在和自然规律盲目地抗争，仅此而已。在自然界中，死亡是生命的重要组成部分；在技术领域，死亡则是一个需要通过技术手段来克服的技术限制。因此，所有不健康的人都关注长寿，而忽视了许多其他应该关注的方面。

技术领域想控制一切

人类想要尽可能延长寿命的原因，不管这有没有意义，都可以在全面控制的抽象目的论中找到。技术领域想要控制一切。老年人想要自己决定什么时候死去是完全不允许的，死亡不能由主观判断决定，它必须是一个技术的、可衡量的过程的客观结果。一个老人躺在床上，和每个人说再见，闭上眼睛，然后离世的想法是令技术领域憎恶的。至少，每个病人必须有一个专家护理，他会一边看手表，一边监测你的脉搏，以便准确记录你的死亡时间。记住，准确压倒一切，尤其是死亡！

让家人清洗，穿衣，摆放尸体，钉棺材，然后在后院挖一个坟墓也是不可接受的——不，没那么简单！虽然私人埋葬并非完全非法，但死者家属需要提交多种表格，包括土壤测试和水文调查，并获得多种许可，这需要多长时间？此外，埋葬地点必须记录在财产契约上，如果财产被抵押或用作贷款抵押品，抵押持有人或贷款持有人有权拒绝进行埋葬。如果土地被出售，可能有必要挖出尸体，并在公墓购买一块墓地，这需要更多的许可证和数万美元的费用。

当人们失去亲人时，通常会打电话到殡仪馆，在这时还货比三家很不合时宜，因此他们会被说服在丧葬费用上花费过多的钱。

技术领域想把一切技术化

技术领域想把一切都变成技术。任何职业都不能幸免，不管是教书还是照顾病人和垂死的人。像音乐和绘画艺术这类创造性的职业，尽管它们使用技术，但它们不受技术所支配，却还是被技术化了，音乐和图像被数字化并通过互联网传播。

为了实施全面控制，对一切的获取必须通过技术手段进行调节。你不再用手和嘴创作音乐，也不再直接听音乐，你需要麦克风、混音器、扩音器或 mp3 播放器和耳塞。你不能简单地看艺术作品，而是需要下载它，并在高分辨率屏幕上欣赏。无法实现技术化的创造性职业，例如美术、舞蹈、现场表演艺术、哲学等会被边缘化，或者被人为地保留下来，为富人提供娱乐。这些职业被视为业余爱好，而那些从事它们的人也不会被认真对待，除非他们碰巧迎合了富有的鉴赏家和收藏家。

技术领域想要控制一切——判断、主动性、直觉、自发性、自主性、自由，所有这些包含在大量成文的法律、法规、规章和协议之中。人类实在太复杂，太难以理解了，因此技术领域不允许他们自己做决定。唯一负责决策的是专家，为了避免失去特权地位，他会遵循明确的程序。

为了控制一切，技术领域想要量化一切。任何有意义的事情，从消费者偏好、性取向、政治观点、宗教信仰，到人们每小时眨眼或触摸脸的次数都要进行测量和列表，因为没有数据就不可能做出客观的决定，没有客观的决定就不可能行使完全的控制权。

技术领域想给一切都赋予货币价值

有些东西是买不到的——还是可以买到？从技术领域的角度来看，如果某种东西是有用的，那么根据定义，它就有价值，而且其价值是可以用金钱来量化的。如果你拒绝用货币价值来定义它，那么，就技术领域而言，这就等于宣告它毫无价值。

野生大象有什么价值呢？它们为狩猎业、自然电影业和动物园提供了一些利润。它们也为象牙偷猎者提供了利润——虽然偷猎是非法的，但它确实对全球经济产生了不可否认的推动作用，事实上增加了大象的经济价值。绝大多数动物没有商业前景，根本没有经济价值。

从技术领域的角度来看，生物圈只是为其提供了资源和服务。技术领域对生物圈的看法显示了其惊人的智力缺陷：它看不到资源的有限性。在资源耗尽之前，它根本看不出这个问题，并认为自然资源是无限的；当真的碰到这个问题时，它总是把这个问题当作一个财务问题。

例如，当油价飙升时，技术领域自然而然地认为这个问题与资源枯竭无关，而完全是因为缺乏对石油行业的投资。当然，增加投资最终会导致产量增加和石油市场供过于求，但事实上，增加投资是必要的，这一切都与资源枯竭有关。此外，增加投资的影响是暂时的，而资源的消耗永不停歇，就像铁生锈的过程一样，在某个时候，维持生产所需的支出水平将会高得不可思议。

如果某种东西造成了损害（工业污染、犯罪、水土流失等），那么它的价值为负值，并根据减轻损害的成本来计算。技术领域寻求最大限度地减少损害，使防止损害的成本与减轻损害的成本相平衡。例如，从技术领域的角度，社会上发生的强奸案应该有一个最佳数量，这样，通过起诉和监禁强奸犯来阻止强奸的成本不会超过为受害者提供治疗来减轻强奸影响的成本。

谈到损害，技术领域表现出了另一个相当惊人的智力缺陷：它不能理解有些事情是无论用多少金钱都无法弥补的。它不能很好地评价生态系统服务的价值，如淡水、清新的空气、可耕地和可生存的气候——没有这些，地球上就不可能有生命。因此，它也不能完全摧毁它们。所有这些都是因为这种程度的破坏不可能通过花钱来修复。

最重要的是，技术领域热爱金钱，因为它使得各种技术操纵成为可能。货币是最终的可替代商品：任何一美元都可以被任何其他用途的一美元取代。购买女童子军饼干的钱也可以用来购买猎枪子弹来射击女童子军的饼干摊。

花钱做好事几乎是不可能的，因为无论何时，只要你花钱，你都不可避免地要养活这个怪物（指技术领域）。你不可能用金钱来反对技术领域，因为金钱是它自己的媒介。但是，可以通过利用物物交换和礼物来使经济关系去货币化，通过利用当地的代币和代金券来破坏货币的可替代性，以及通过尽可能多地利用自然资源来限制任何形式的商业开发，这些都有可能破坏和阻止这一进程。

技术领域要求同质化

尽管在过度发达的西方国家，关于"多样性"和"多元文化主义"的讨论不绝于耳，但有一点是显而易见的，那就是当人们在说"多样性"时，他们真正的意思是同质化：一种围绕民族主义/全球主义概念和符号组织起来的普遍的、简化的、商业化的大众文化。在追求完全同质化的过程中，"多样性"是非常有用的。这不是一个悖论，而仅仅是误导。随着时间的推移，关系紧密的社区往往会发展出自己独特的地方文化、传统、语言，这些使它们能够抵御外来影响的冲击。有着共同地方文化的人会相互认识并信任彼此。文化截然不同且多样，并且这些文化有着互助、合作、团结的独特传统，这才是真正的多样性。正是这一点使得技术领域很难支配和控制它们。

让它们就范的最好方法是引入大量的新来者，最好是来自完全不相容的文化，迫使它们在学校和法院的帮助下，通过行政和治安行动来相互对抗。几代人之后，一旦他们的孩子在沉闷的伪文化中长大，并且这种文化对任何人都不冒犯，那么除了一些美食和服饰的痕迹之外，当地文化的所有痕迹都消失殆尽了。当地人口现在已经变异，成为大众文化中同质的乌合之众，很容易被大众媒体和广告操控，变得透明、可衡量、完全依赖和完全可控。事实上，它已经不再有任何特别令人信服的理由存在。那些设法保留自己文化碎片的少数人被教导要将其视为他们的"文化背景"。那么，请告诉我，他们的"文化前景"是什么？这是一片文化荒原。

一旦当地文化消失殆尽，就会为社会、机构和建设环境的同质化开辟广阔的前景。我们就不再需要特别的安排来适应当地的语言、传统或建筑风格；提供给社区的商业产品组合可以完全相同，从而产生更大的规模经济。一旦当地的建筑风格被淘汰，那么无论自然环境或气候如何，到处都可以建造千篇一律的房屋。

最重要的是，其结果会造成大量的社会混乱，人们失去了根基，不再拥有忠诚感，不再忠于任何地方或群体，他们可以在文化贫瘠、同质化的土地上游荡，涌向工作地，一旦这些工作岗位消失，他们就会继续前行。大量居无定所的人们会被动员起来从事那些社区的人们不愿从事的项目。在美国西部一些地区的页岩油热潮就是这样一个现象。整个临时城镇如雨后春笋般涌现出来，当繁荣变成预期的萧条且工作岗位消失时，它们迅速变成了人口稀少的"鬼城"，到处都是止赎和废弃的房屋。与此同时，那些像蒲公英一样的人们则继续寻找其他地方的工作机会，或者开始借酒消愁。

驱逐和剥削他人的能力是技术领域成功的关键因素。在法国，快速工业化的力量只有在法国大革命造成了大量社会混乱、破坏了原有的社会关系和地方传统之后才得以发挥。在英国，工业化同样只能在社会混乱的情况下进行，当时农业的"改进"使农村人口大量过剩。随后，人们有可能不再依靠土地生活，因为通过圈地运动，小块土地被统一为大块地产，这也包括了以前用作公地使用的土地。一波又一波失地农民涌入城镇，如果没有更好的选择，他们会去工厂工作，或者被迫为帝国服务，充当水手、士兵或殖民地仆人。

1917年十月革命之后，俄罗斯也发生了类似的大规模社会瓦解过程。在每一次事件中，建立在当地习俗和传统基础上的长期社会关系都在一波又一波"政治暴力"浪潮中被摧毁。在俄罗斯，集体化剥夺了大部分农村人口原本舒适的生活，迫使他们进城去工厂工作，从而迅速将俄罗斯从一个以农业为主的国家转变为一个工业强国，一个能够主宰半个地球几十年的世界强国。在中国，改革开放的浪潮席卷了整个社会，释放了它的工业潜力，并在短时间内将其转变为世界上最大的经济体（根据人口购买力来判断）和世界工厂，世界上大多数工业产品都在这里生产。

技术领域的目标是将全人类降低到一个共同群体的水平——拥有单一的原始语言、单一的原始商业控制文化和单一的未经选举的技术官僚治理体系。幸运的是，这不大可能发生，因为人类恰好由几个不同的文明组成，它们不太可能融合或消失。现在这种可能性变得更小了，因为由英美和犹太复国主义影响主导的西方模式在世界其他地方的名声越来越差，而现在世界人口、生产能力和财富的一半以上都在这些地方。尽管如此，重要的是要看到一种所谓"多元文化"的全球商业文化、全球经济发展和一种协调的、所谓"民主"的全球治理体系的真正面目：试图抹去一切让我们成为人类、让人类生命有价值的东西。

主宰生物圈

不受技术领域控制的部分生物圈被认为是"野生的"，即不文明的、不守规矩的、不受控制的、不受约束的、不理智的，总之就是不可接受的。就生物圈而言，那些未被砍伐、耕作、推平、铺砌、修建或以其他方式破坏的土地被称为"未经改良的"土地。至少必须对其进行测绘（因为一切都必须被测量）和清点，以发现那里有什么自然资源可以掠夺。

所有土地，无论是"改良的"还是"未经改良的"，都必须由技术领域承认的个人、跨国公司或国家政府的某个实体所拥有。无论何种情况下，它都不属于原本一直安静地生活在那里的土著部落。不仅如此，那些土著部落的人们还有可能会被押送到最近的城镇并被指控触犯了流浪罪或非法侵入罪，然后被关起来，最终被释放并被告知去找份工作。如果这些人中有谁不小心误入国境（该国界通常是沿着河流或山脊延伸的假想线），就会被逮捕并被驱逐出境，而边境另一边的部门也会来把他们送到最近的城镇关起来，过了许久之后再告诉他们可以去找工作了。

这是因为没有任何东西，也没有人可以生活在技术领域及其控制之外，尤其是人类。在技术领域内，必须对每个人进行完整的记录，理想的情况下，需要对每个人采集指纹并制成DNA样本。野生动物有时仍然可以逃脱惩罚，尤其是那些生活在海洋中的动物，但是在陆地上却越来越难了，越来越多的野生动物发现自己被麻醉，耳朵被贴上了标签，这一切都是因为利益。即使是像加拿大鹅这样的候鸟也受到了干扰，很多候鸟的脚上都有一个小小的黄圈。而宠物和牲畜则都要进行微型芯片身份注册。

技术领域似乎并不特别喜欢生物，因为它们都是非标准的，它们的行为很难预测，也很难控制。它们以有趣的方式杂交，最糟糕的是，它们不是保持不变的，而是在不断进化。微生物尤其麻烦，一旦技术领域发现如何控制其中一种微生物，它就开始试图通过进化来逃避控制。此外，微生物有时会与其他不相关的微生物共享基因，毫不在意该基因是否由生物技术公司合成并获得专利。这显然是"非法"的，但是如何能起诉微生物呢？

至少就目前而言，没有人类为其服务，技术领域就无法生存，人类反而需要动植物才能生存，因此技术领域不得不勉强忍受一些无法控制的生物混乱现象，但它试图将其最小化。众所周知，作为不同的物种群，植物生长得最好。在给定的一块土地上，当玉米、豆类和南瓜都一起种植时，你可以种植比单独种植更多的玉米、豆类和南瓜。森林以演替的方式生长得最好，首先是草，然后是灌木，然后是生长迅速、寿命短的软木树，然后是生长较慢、寿命较长的硬木树。但是，技术领域厌恶所有这些难以衡量、无法控制的复杂性，坚持基于单一栽培的农业和林业实践：一个物种只允许有一个变种，其他一切都被认为是杂草并被杀死，生态系统的生物效率和健康都该死。

另一种减少生物无法控制的混乱的方法是尽可能严格地对每一种生物进行分类。动物不能再随心所欲地繁殖，而是必须饲养在特定的品种中。这对狗来说尤其残酷，但几乎每一种驯养的动物，甚至是根本无法驯服的家猫都受到了这样的伤害。猎狗的品种受到了特别的损害，它们被培育为不能自己猎食的品种。人类也逐渐变成了这样：整天坐在电脑前面，不与任何其他生物接触，并且将数据看得比任何活着的甚至是有形的东西都重要。

技术领域喜欢利用的另一个简化方法是忽略生物学，只专注于物理和化学。你可以发现生物学就像是一门软科学，而生物则太复杂。生物圈中有大量的细菌、真菌、植物、动物，所有这些都以无法理解的方式相互作用着，试图弄清它们之间的关系更像是人类学，而不是一门硬科学。但是有一个窍门：你可以把它们都当成一袋袋化学药品，然后事情就变得简单了。从分子水平来看，事实证明有很多方法可以操纵它们：你可以拼接它们的基因；可以用化学物质改变它们的行为；还可以杀死它们——一杀了之尤其受欢迎。

如果你认为技术领域会限制自己对待生物的权利，就像对待一袋袋化学物质一样，那么你就错了。人类都是公平的，不仅仅在于他们的身体。一段时间以来，人脑一直是物理／化学攻击生物的最后防线。电休克疗法，即用电刺激大脑的方法从 18 世纪就开始流行。现在，美国有四分之一的女性都在服用抗抑郁药，该药物以各种方式改变大脑的化学物质（而男性似乎更喜欢大剂量的酒精）。这有点像试图通过用棍子戳一下或扔一把沙子来破坏一个极其复杂的发条装置，但是还有什么选择呢？众所周知，个体的疯狂是疯狂社会的一个症状，但既然疯狂社会是技术领域所能做的一切，修复它就不是一个选择。唯一的选择似乎是再扔一把沙子进去。

如果它杀了你……那又怎样？

也许技术领域最重要的特点是它通常不在乎你是生是死。它会试着让你快乐，但如果失败了，它也会很容易杀死你。这完全取决于在其宏伟计划中什么是最有效的。如果你是它顺从的仆人，最好是工程师或技术专家，它会喜欢你。科学家也很受重视，但只有那些能施展惊人技巧来提升技术领域声望和权力感的科学家才受到重视。如果你不是这些受青睐的专家之一，那么你仍然可以勉强维持某种生活，只要你按照它希望你的那样生产和消费。如果你拒绝，你会寸步难行，或者被毁灭。一切都这样进行着。

为了自己的目的控制你

技术领域并不关心你是生是死，或者你是快乐还是痛苦。它的目标是控制你，让你为它的目的服务——其目的是扩张，控制一切以及主宰生物圈。如何实现这种控制取决于什么是最有效的。如果你是它忠实的仆人，那么让你做好工作的最好方法就是激励你，给你很高的地位、丰厚的薪水和大量的津贴。但是，如果你是一个卑微的人，不幸的是，还不能被一个闪亮的新机器人取代，那么低收入和低地位就足够了，摧毁你的自主性和自立性，同时培养你的依赖性，是让你表现出色的关键。如果你是一个技术上无用但无害的艺术家、哲学家、作家、诗人、自由思想家，那么技术领域根本看不到你，因为你的所作所为无法用技术领域能够理解的单位来衡量。但是如果你的想法被证明对技术领域是危险或有害的，因为你是一个试图打破依赖，并想办法生活在技术领域之外，或者以其他方式破坏它的人，那么它会认为你简直就是一个恐怖分子！

对技术领域来说，道德是一个纯粹的功能概念，它的功能是控制人类，而不是约束机器。同样，宗教教义也可以作为诱导大量人群产生"羊群效应"的技术。如果人们追求自由主义和享乐主义，技术领域将支持性别平等和性少数群体的权利；如果人们追求保守主义和笃信宗教，技术领域反而会帮助传播宗教激进主义或极端主义。无论是民主的政治还是其他的政治，都是一个烟幕，其背后潜藏着"政治机器"，这些机器旨在确保你做出的选择在功能上与你在不知情的情况下做出的选择完全一致。对它来说，正义与区分有罪和无罪的任务是完全不同的。相反，这是一个将难以起诉的人（因为他们富有或有政治背景）与易于起诉的人（因为他们贫穷且被剥夺了权利）区分开来的问题。从技术领域的角度，逮捕一个人，又因为他无辜就不定他的罪，这是在浪费警察的时间。

盲目相信进步

所有服务于技术领域的人的基本信仰包括：技术天生就是好的；新技术优于旧技术；技术越多越好；任何阻碍更多、更新的技术的人都是落伍的。

事实上，这些假设是正确还是错误的并不重要。这些不是逻辑命题，而是信条，质疑它们就是技术异端。

这种盲目的信仰使我们无法理性地看待技术。任何活动都有一个最佳的量，过多和不足同样糟糕：喝水太少会导致脱水，这可能是致命的；喝水过量又会导致低钠血症，这也是致命的。无论采取哪种渐进式发展，它最终会达到收益递减的点，在这个点上，同一方向上努力取得的积极成果会比以前更少。接着它会达到负回报的点，此时更加努力的工作产生的收益更少。这一原则同样适用于经济发展、国家安全、公共安全、科学研究、教育标准……当然，还包括技术。但这种显而易见的推理是寻求无限技术进步的技术领域深恶痛绝的。

以电子通信的发展为例，它从收音机开始发展。晚上，一家人会围坐在无线收音机旁，听新闻简报和娱乐节目。这已经取代了其他或许更有价值的活动，比如：制作和修补东西，通过讲故事来保持口述历史的活力，读书（大声朗读），玩游戏和与家人讨论整一天。允许无实体的声音侵入家庭会给家庭带来一定程度的疏离感，因为当他们在一起时，不再只关注彼此，而是被虚幻的陌生人的声音打断了。

然后电视出现了，它增加了"催眠"的维度。现在家庭成员不仅是听着虚幻的声音不再相互交谈，而且他们也不再关注对方，因为他们的眼睛盯着在闪烁的屏幕上跳动着的幽灵般的图像。将动态图像直接传输到家中的能力赋予了广播公司新的力量，现在它们可以用图像贬低他人，让他们觉得自己不够好，让他们互相轻视，并诱使他们无视家庭和社区的利益去追求个人物质富裕的梦想。

后来互联网紧接而来，最初是带电话拨号连接的个人电脑。一开始，这是有益的，让人们能够获得他们从未见过的信息。它为作家和其他有创意的人打开了一扇自由之门，而这些是老式的、传统的出版模式所不能赋予他们的。但是，这些益处也带来了负面影响——家人之间不再参与同样的事情，因为每个人都以不同的方式单独与互联网互动。此外，与药物滥用一样，网络成瘾开始被认为是一种需要治疗的严重疾病。

再后来，通过平板电脑和智能手机连接的移动互联网出现了。现在，很少有人不会上网，他们不断接收和发送信息。对许多人来说，发光的小屏幕已经取代了他们周围的世界。每逢节假日，兄弟姐妹们聚集在父母家，却只是静静地坐在那里，拨弄着他们的智能手机，每个人都迷失在自己的世界里，这一点也不奇怪。

他们极度沉迷于网络，这意味着他们永远不会冒险进入缺乏网络覆盖的地区，他们会自愿把自己关在一个"露天监狱"里，这个监狱的围墙是由无线热点和手机信号塔的范围界定的，这也意味着他们会保持温驯和顺从，为了避免被切断互联网，无法使用 Facebook、Twitter 等服务，他们会做任何要求他们做的事情。对他们中的许多人来说，被切断社交网络是一场巨大的个人悲剧，会造成严重的心理创伤。

电子通信的进步看似已经足够了，难道不是吗？我们不是已经达到个人通信技术收益递减，并且已经到负回报的程度了吗？但是，进步不会停止，所以让我们一直进步吧！毕竟，谁能预测到智能手机的出现并迅速崛起的霸主地位呢？1981 年，IBM 发布了它的个人电脑，售价为 1565 美元，配备了 16 KB 的随机存取存储器、一个 640×480 像素的 8 位彩色显示器和两个可存储 360 KB 的 5.25 英寸磁盘驱动器。除了疯狂的幻想派技术必胜主义者之外，谁也无法想到这些！

所以，让我们给技术必胜主义者一个临时演讲台，听一个未来不可避免的技术主义必胜的简短演讲。

继平板电脑和智能手机之后，下一个进步将是可穿戴计算机。苹果手表和谷歌眼镜只是朝着这个方向迈出的一小步，要使这项技术真正有用和便宜，还需要更多的技术进步。但是当这种情况发生时，我们会发现人们戴着一个集成的 AR（增强现实）眼镜，这是一种包括精确的人眼跟踪技术、耳机、麦克风和各种其他传感器（如红外摄像机和激光测距仪）的集成设备。当然，它将包括无线网络、全球定位系统和蓝牙，并运行我们最喜欢的所有应用程序。短时间之后，佩戴这些设备将成为各种场合的必备品，因为如果没有它们，我们将无法看到其他人在看什么。作为一项节约成本的措施，取消现实世界中的标识，转而在网上发布虚拟标识作为增强现实的一部分，将会变得更加有效。最终，这一趋势会进入交通标志、安全警告牌和其他必要的公众信息领域。在这之后，AR 眼镜将成为所有成年人和大多数儿童在公共场所必须佩戴的眼镜，很少有人会在清醒时摘下眼镜，因为没有眼镜会让人感到不安和迷惑。

但是，未来可穿戴计算机也许会被证明只是一个笨拙的过渡阶段。下一进展将是直接神经组织接口。这一阶段会将整个计算设备放入一个微型胶囊中，把胶囊插入臼齿上的牙槽中，这样它就能与植入体进行无线通信，植入体将与感观和运动皮层、听觉神经、视觉皮层，当然还有愉悦中枢相连接。将来，儿童的乳牙一长出来就会被植入这些装置。尽管父母可以选择不这样做，但是大多数人不会这么选择，因为日托中心要求植入该接口。到那时，不使用这些植入体，就无法逗乐以及控制幼儿。

接下来，我们也许会发现除了大脑之外，人体不再有任何明确的用途。由于眼睛和耳朵的功能已经被植入体取代，所以甚至大部分头部的用途都很有限。随着性行为被虚拟现实色情和人工授精取代，身体将不再受欢迎。此外，随着年龄的增长，人们的身体往往会出现生活质量降低和寿命缩短的医学问题，而他们的大脑在某些基本功能水平上却可以活得更久。因此，在未来，进行一种叫作"根治性切除"的手术将会变得很流行，在这种手术中，一个人的身体颈部以下被切除，只留下头部连接在一个装置上，以保持头部健康和舒适。① 这种手术起初是一种救命的权宜之计，但后来人们一旦出现任何较严重的医疗问题，就会选择进行手术。医疗保险公司将会特别迅速地接受根治性切除手术作为许多其他手术的合理的替代方案，这种手术非常简单，剪断、插塞，可以由全自动手术机器人来完成。

与此同时，这场进步将会发展到通过用计算机模拟来取代人，包括他们的大脑，从而实现人的整体虚拟化。起初，这样做是为了让你爱的人在去世后仍然活着，但后来父母们发现，虚拟的孩子比真实的孩子麻烦要少了许多，对于真实的孩子，父母们还要花许多钱去给他们做一些神经植入手术，然后还要给他们的身体截肢。由于害怕阿尔兹海默病的发作，老年人会选择提前将大脑数字化，以避免在社交媒体上让自己尴尬。

这将启动最终的、不可阻挡的趋势，在这一趋势中，真实的、物理的人类将被计算机模拟的人类取代。到那时，计算机能力将会发展到这样一个程度：模拟的将会与想象中的原型有惊人的相似之处，能够发"哦，天呐！"和"哈哈！"这样的信息，并且能够像真人一样交换他们的模拟的自拍美照。

为了提高效率，模拟人只会为了剩下少数非模拟人的利益而发挥作用。在最后一个人被模拟代替后，这就是事情的最终结果：技术领域获胜，游戏结束。

---

① 该观点来自亚历山大·别利亚耶夫 1925 年的科幻小说《道尔教授的头颅》。

唯一可以替代无限进步的选择

盲目相信无限进步正在成为一种难以销售的产品。技术确实在进步，但它是否必然会改善人们的生活？人们的工作是否更安全？人们的工作会更有成就感吗？他们的工资和薪水会随着技术的进步而上涨吗？人们会更健康、更快乐吗？

在某种程度上，这些进步对于管理和专业技术人员来说也许是真实的，但对于我们其他人来说，劳动参与率急剧下降、工资停滞不前等各种现象及其他统计数据都说明了另一种情况。一个有趣的事实是，现在的经济状况迫使近一半25岁的美国人与父母住在一起，这表明了高科技的未来对大多数人来说意味着什么。

因此，技术领域必须定期更新一些应用，以保证在服务人类方面的无限进步的梦想不会开始显得有些陈旧。要做到这一点，就要将任何对无止境的进步的替代方案视作一场彻底的灾难：要么一切照旧，要么就是世界末日。世界末日有多种不同的版本，包括小行星、"僵尸"、致命病毒、太空外星人、洛杉矶的带鲨鱼的水龙卷等等，这样的传言不胜枚举。

但有一种你几乎不曾听过的现实的场景：人们聚集在一起，认为进一步投资科学技术是无益的，于是成立委员会来对各种活动和职业进行去技术化，把他们使用的技术数量降到最佳水平。他们可能会决定图书馆暂时应该保留电子目录，并提供索引卡作为备份，但电子书应该被废除；或者他们可能会决定，为了节省浪费在毫无意义的沟通上的时间，电子邮件应该每天只在早上 8 点发送一次；他们还成立了一些委员会，对提出的每一项技术变革进行彻底审查，看看其可能产生的意外后果，然后才允许实施。

不！这种情况是完全不可接受的！一批技术专家会宣称这样会"损害创新"或"损害经济"。这种认为预防原则非常重要并且应该始终遵循的想法将被嘲笑，因为，如果有一两个意外后果，我们就有技术来解决所有问题……或者，如果我们不这样做，那么我们肯定会开发这样的技术……一旦我们意识到最终必须这样做……但绝不允许有关公共安全或人类需求的问题阻碍无休止的技术进步！

产生的问题比能解决的问题更多

技术领域和所有在该领域生存的人都断然拒绝遵守预防原则，即我们应该推迟引进一种新产品或新工艺的过程，这种新产品或新工艺的最终效果和意外后果都是有争议或未知的，这意味着它会产生大大小小的不断变化的意外后果，必须采用技术上的补救措施。反过来，这些技术补救措施不可避免地会产生它们自己的意外后果，这些后果往往比原来的问题更糟糕。而对于相当多的意外后果，无论是在现有还是在发展中，都没有技术可以补救。

以核扩散问题为例。在第二次世界大战结束前后，显而易见的是，使用常规武器进行破坏的工业生产能力达到了极端，以至于需要寻找预防战争的新方法。这种认识导致核武器的发展成为最终的威慑力量，通过同归于尽的威慑来防止大国之间爆发战争。但是，越来越强大的核武器的发明，如氢弹、中子弹，以及更先进的运载系统的发明，不断降低其威慑能力，因为一方可以在第一次打击中消灭另一方，不给对方报复的机会，其结果导致了美国和苏联的军备竞赛和无休止的核武器储备。

核军备竞赛的一个意想不到的后果是在美国和苏联出现了异常庞大的钚储备。当更理智的领导人占了上风，促使裁军谈判达成减少核武库的协议时，必须找到一个解决方案来利用多余的钚。解决方案是为核反应堆制造混合氧化物（MOX）燃料，将一些钚与铀结合起来（顺便说一下，铀越来越稀缺，越来越难开采，也越来越昂贵）。在世界各地，相当一部分的电力都是用混合氧化物燃料产生的，这种燃料中含有世界上最强大的炸弹制造材料。

这种发展导致了几个意想不到的后果：第一，它使核燃料的再处理更加昂贵；第二，它增加了核武器扩散的风险；第三，它增加了核事故中钚污染导致癌症的风险（福岛核事故中已经发生过类似的案例）。而且，最糟糕的是，它进一步加剧了最终长期高等级核废料处理的问题，因为之前集中的钚库存在扩散到数千个乏燃料棒中。这些问题的临时解决方案是简单地将核反应堆的乏燃料棒浸没在水中。在福岛，从被爆炸损坏的乏燃料池中取出燃料棒的过程花费巨大，耗时数年。

但即使是将乏燃料棒转移到某个稍微安全的地方，也只是一种"踢皮球"的解决方式，甚至踢不了多远。对任何地方的所有高等级核废料都没有适当的长期处置计划，也没有对此采取什么措施。从本质上讲，整个核工业都轻率地认为，稳定的社会和经济条件将战胜核材料衰退的几千年。这是一个站不住脚的假设，是技术领域造成的一个问题，而且目前没有能力解决。

与此同时，福岛核事故只是已经发生了的一次事故，肯定还有数百个其他事件。由全球变暖导致的干旱，河流减少，冰川继续融化或缺乏冷却水，将使核设施低于海平面。显然，我们目前的技术领域还不够强大，不足以解决这些问题。一个更强的技术领域或许能够在某一天解决所有这些问题，但是更强的技术领域需要一个更大的星球。

核废料处理是一个大问题，但更大的问题是由化石燃料的燃烧造成的——大气中的二氧化碳浓度从 280 ppm（ppm 为摩尔比浓度 10^{-6}）增加到超过 400 ppm。大气中最后一次出现如此多的温室气体是在约 360 万年前。研究表明，当时北冰洋基本上是没有冰的，到处是茂密的森林；气候模型表明，甚至南极洲也可能有森林覆盖。同时，海平面比现在高 15～25 米。虽然政客们仍在谈论，好像全球平均温度上升可能只限于 2 ℃，但更现实的最佳情况是 3.5 ℃，这还必须建立在每个国家都履行其在 2015 年巴黎第 21 次缔约方大会上达成的减排承诺的基础上，而这已足以引发正反馈，如果北极甲烷释放，这将推动温度进一步升高。

撇开热带海洋太热不能游泳这样一个世界是否有利于技术领域或人类的残余生存的问题，技术领域能够提供什么来减轻这种大规模气候破坏的影响？事实证明，世界上不乏狂妄自大、技术自恋的人，而且他们并不羞于提出一些适度的建议。他们的建议属于全球化的标题，即改变整个地球。

其中的一个适度的建议是在海洋中加入微量元素，这些微量元素会刺激浮游生物大量繁殖。浮游生物将二氧化碳转化为氧气，使海洋酸度恢复正常，并最终降低大气中二氧化碳的浓度。当然，可能会有一些意想不到的后果。浮游生物的繁殖也会带来大量以浮游生物为食的生物，当它们吸入氧气并产生二氧化碳时，它们会迅速使海洋脱氧。一旦它们耗尽氧气或吞噬掉所有浮游生物，它们就会死亡并形成缺氧环境，导致厌氧细菌的大量繁殖，这将在海洋表面下产生一层硫化氢。在某些条件下，逆转现象可能导致含硫化氢的海水充分上升，涌出水面，漂到岸边杀死那里的每一只动物。这不是一个很好的好莱坞恐怖电影情节吗？

另一个提议是将大量的巨型镜子投入太空轨道，这些镜子会遮挡地球，降低全球温度。该计划的一个直接意外后果是，制造和发射太空镜的工业将燃烧大量化石燃料，向大气中排放更多的二氧化碳，加速全球变暖，从而部分地挫败其降低全球温度的既定目标。如果一些太空镜被小行星撞击并开始撞击其他太空镜，就会发生另一个问题，根据凯斯勒综合征的观点，飞行碎片会填满近地轨道。即使没有任何小行星撞击，一些太空镜也可能失去姿态控制，开始翻滚并照射地球，而不是将太阳光反射到远离它的地方，这会使部分太空镜着火。此外，还有一个问题，一旦我们耗尽了制造和发射太空镜所需的不可再生自然资源，我们该怎么办呢？任其烧成灰烬？

美国宇航局艾姆斯研究中心的格雷格·劳克林博士提出了一个更加雄心勃勃的计划：通过向太阳发射小行星来改变地球轨

道……并且每次都几乎不会错过。从小行星到地球的引力能量的转移会轻轻地将它推到太阳周围更高的轨道上，在那里温度要低一些。引述劳克林的话即"这项技术一点儿也不牵强"。你是否期待让他和他的同事向你射出小行星并且几乎不会错过？这个计划潜在的意外收获是提供了好莱坞灾难电影的完美素材。记住，这就是1999年失去火星气候探测器的同一家美国宇航局，因为在编程时未能将导航数据从英制单位转换为公制单位。"相信我们，"毫无疑问，他们会告诉你，"这次我们可能会做好。"试着想象一下，一颗小行星意外地停在地球周围的一个衰变轨道上，威胁着它多年，直到最终直接落在劳克林博士身上。

我们可以继续列出一长串的问题清单，这些问题是技术领域已经造成的一些意外后果，并且这些问题目前甚至永远都无法解决。但更大的问题是，现在有大量人口依赖于技术领域的服务，如果没有这些服务，他们将很难生存。这种依赖以许多消极的方式表现出来。

第一，经过几代人的努力，在分娩时选择剖宫产挽救了一些女性，如果没有剖宫产，大部分女性可能死于分娩、生下死婴或患上产科瘘管病。

第二，在使用疫苗和抗生素长大的孩童中，如果没有这些疫苗和抗生素，他们的死亡率会很高。

第三，那些在计算机、计算器、文字处理器、计算机辅助设计系统和搜索引擎中长大的人，如果被迫只用笔和纸来撰写财务报告或起草法律和工程文件，他们将会无所适从。

第四，那些靠购买食物长大的人，如果没有食物，他们就不知道如何养活自己：既不知道如何种植粮食，也不知道如何通过打猎、捕鱼或采集获得食物。

第五，如果警察消失或不采取行动，那些从小就认为自己的安全要由专家来决定的人将不知道如何自我组织，以实现共同自卫。

第六，那些在对无止境的技术和经济进步抱有不切实际的期望中成长起来的人，其自主、自立和自发的本能是从自己身上培养出来的，如果被推入一种不得不自力更生、互相照顾的境地，他们将基本上丧失生存能力。

幸运的是，我们不需要技术领域来解决这些问题，大自然会很好地解决它们，大自然解决这些问题的方式是：优胜劣汰，适者生存。

为什么会失败

技术领域不可能永远翻倍成长，原因很简单——因为地球是有限的，它可以提供的不可再生的自然资源的数量也是有限的。它已经遇到了一些限制，而许多其他限制就在眼前。实际上，几乎所有高品位金属矿石都已耗尽。例如，黄金仍在开采中，但其含量现在已降至百万分之三。这种岩石需要大量能源进行粉碎和筛选，现在每单位黄金开采消耗的能源不断增加。其他大多数不可再生的自然资源也是如此，它们变得越分散，开采所需的能量就越多。但反过来，能源供应是有限的。

让我们简单地看一下原油的供应情况——这是一个关键的成分，没有它，技术领域就无法发挥作用。一个不同的技术领域或许在理论上可以存在，在该领域中，机车、船舶、卡车、发电机、建筑设备不使用柴油发动机，并且在大多数其他运输形式中不燃烧某种石油燃料。但该领域现在还不存在，因为我们没有时间，没有资金，也没有多余的能源来建造它，而且没有足够丰富和集中的替代能源来运作它。早在1970年，就有人预测全球原油供应将在2000年达到峰值。它在2006年达到顶峰，比最初预测的晚了五年多。从那时起，那种从陆地上的常规油井中喷出、可以廉价生产的原油，以每年约5%的速度减少。结果，油价一度飙升至接近每桶150美元，并持续数年居高不下，这破坏了世界许多地区的经济增长。

技术领域设法通过用昂贵的稀有油，如深海石油、通过水力压裂法生产的页岩油、焦油砂合成油等，代替这种廉价生产的常规油。为了避免石油短缺，技术领域开始通过减少对其他行业的投入而将更多资源引入能源行业。但这种做法只起了几年作用，直到油价跌至每桶30美元左右——这比大多数非传统产油国生产一桶石油的成本还要低。结果，许多石油生产商破产倒闭，石油供应减少，油价将再次飙升，给经济带来又一次打击。

这真的没有那么复杂，只是有很多人拒绝理解它。原油产量达到峰值的现象简称为"石油峰值"，长期以来，人们对其进行了仔细的追踪，这是非常真实的。但是，将大量资金浪费在非常规石油上，事实证明，这项技术成本太高，不足以让技术领域继续扩张，最终有人宣称"石油峰值"失效了。现在石油供应暂时超过石油需求，导致价格暴跌，他们已经宣布石油价格跌入谷底。

这让人想到其他此类声明。一段极端寒冷的天气足以让一些人开始宣称全球变暖是一场骗局。这种情况的微妙之处在于，迅速变暖的北极正在导致南北之间的温度梯度减小，从而导致急流蜿蜒，将寒冷的北极和西伯利亚的冷空气吹向遥远的南方。但你不应该被暂时的低油价或暂时的低温愚弄。这些声明背后有相当多的公关资金，但这就是它们背后的全部。

他们会想出办法的

对于那些被困在技术领域中的人来说，一旦他们意识到这样一个事实，即技术领域的持续生存，乃至他们自己的生存都无法得到保证时，这便成为他们的咒语。"但是，我们有技术！"一个人充满激情地大声疾呼，紧接着另一个人喊道："我们可以通过创新解决任何问题。"

然后还有一些令人清醒的现实。其中之一是经济增长、人口增长和原油消费增长之间的高度相关性。这不是基于某种模型或理论预测，而是通过观察得来的。你可能会认为相关性不是因果关系。你也可以认为，当有人踩下油门，汽车行驶速度更快，这纯粹是一种统计上的假象，与潜在的机制无关，而且每次汽车没油或前保险杠撞到电线杆时，你都会被证明是正确的。这里也是如此，每当能源稀缺（如 1973 年阿拉伯石油禁运时），过于廉价（如 2015—2016 年）或过于昂贵（如 1980 年和 2009 年）时，这都会导致严重的经济混乱。但我仍然认为，汽车主要是因为汽油而移动，技术领域因原油而存在并发展。

那些支持"他们会想出办法的"这一理论的人需要意识到"他们"已经提出一些东西很长时间了，并且每次都是一样的东西。能源替代品实际上一直在探索，而这些突破是微不足道的：光伏电池变得更便宜，效率更高；大型风力涡轮机变得更加先进，并且分散在多风的海岸和山脊上；其他如钍燃料核反应堆和核聚变，很可能是未来要着力发展的技术。

在某种程度上缓和他们的热情的一个事实是：虽然长期创纪录的高油价已经成功地将可再生能源（水力、风能和太阳能）的份额推高到全球发电量的 20% 以上，但其余部分仍然来自煤炭、天然气、核能和石油。由于油价再次降低，因此投资昂贵的替代能源的热情已经降低。当能源如此便宜时，谁会想投资昂贵的能源？

对可再生能源作用的另一个重要限制是，占所有能源消耗近一半的运输燃料中，只有一小部分来自可再生能源，其余都来自石油。事实上，所有的运输基础设施以及许多其他工业机械都使用原油制造的柴油、喷气燃料和船用燃料，所有这些主要设备绝对不可能很快地被换成可以使用可再生能源的设备。

无论"可持续性的转变"意味着什么，大家普遍认为这需要很多重大的科学突破。但谁会取得这样的突破呢？科学家们有充足的工作条件，但前提是这些条件能提高技术领域的声望。如果他们坚守的是枯燥的、不确定能否创造出技术价值的应用科学，那么他们就不太可能获得相应的支持。如果他们试图进行的是探索世界的基础科学研究，没有任何实际目的，那么他们就会被边缘化。

科学最初是真诚地表达对世界的好奇，并试图理解它，而不考虑任何实际应用。事实上，学习应该在实际中发挥作用的观点为古希腊人以及其他许多国家的古代学者所憎恶。而现在，科学的主要任务像是寻找街灯下的车钥匙，街灯代表高级尖端技术，车钥匙则是来自大企业或政府的补助。

无论在哪里看到备受瞩目的高预算科学，我们看到的都是新技术的展示，以及用于美化和宣传新技术的科学：正是因为有强大的超导磁体和数据采集系统来记录相对论粒子碰撞的结果，再加上超级计算机对它们进行建模，才有必要寻找有"上帝粒子"之称的希格斯玻色子；正是因为新基因测序技术的出现，才有必要对人类基因组进行研究；也正是因为先进机器人技术的发展才出现了发射无人空间探测器的需要，这些探测器在火星上运行，探测那些实际上并没有人会关注的岩石。科学的好奇现在归结为对如何通过使用一些奇特的新工具来获得更高的声望的好奇。根据我在高能物理领域工作了六年的经验可知，科学研究是由自我驱动的，而非好奇心。来自大企业式政府补助的钱并非这么好用，为了获得认可而所付出的努力是荒谬的，它背后的动力是超乎寻常的、异常脆弱的科学自我。

大多数备受瞩目的高预算科学都和死的东西有关，而活的东西被贬为第二等级。物理和化学的规则是只有当生物学被简化为生物化学时才会备受关注。例如：癌症是一种活细胞现象，但癌症研究将其视为一种主要的分子现象，并寻找可以杀死癌细胞而不会杀死病人的分子；繁殖是一个细胞过程，但科学家所做的一切努力是将其简化为观察 DNA， DNA 是一种分子，而且实质上把它当成了数据来处理。似乎几乎所有地方的死的东西都优先于活的东西，如果有些事物不能被简化为物理化学，不能像机器一样运行，也不能用数学进行分析，那么该事物就会成为科学探究的次要课题。

这种趋势会出现在最有趣的地方。例如，在美国麻省理工学院教授诺姆·乔姆斯基的努力下，研究人类语言和相关认知的语言学走上了一条非常奇怪的弯路。乔姆斯基没有看到语言真正有趣的地方，即语义学（意义研究）以及它如何与认识论（知识理论）和现象学（我们如何看待现实）相关联，而是关注于句法（句子中词序的研究）这个非常枯燥的点，因为它可以用形式化的数学方法进行分析。因为真正懂英语，乔姆斯基才将英语作为他的研究基础，而忽略了对语言更广泛的研究。结果，几代美国语言学家在成长过程中几乎都不学语言学，但从事了正式句法的分析工作，努力推导出假设编码到人类 DNA 中的"通用语法"的原则。但人类语言不能简单地归结为形式主义，乔姆斯基在美国语言学方面做了大量的工作后，放弃了语言学并转而投身政界。这是个安全的选择，因为美国政治在他参与进去前已经完全分崩离析，所以他是否参与其中并没太大的意义。

因此，我们将获得核聚变试验、空间探测器、纳米技术和基因工程这些物理和化学的所有成果，却愈发忽视那些野蛮生长起来的活的东西。当谈到"可持续技术"时，无论它发展成什么样，我们都不会得到很多成果，即使我们得到了，我们也不会用，因为它不够诱人。看看我们做过的一些微小的改变，如屋顶集水系统、太阳能热水器、堆肥厕所、减少供暖和空调的建筑技术等。人们几乎没有使用过这些技术，有时甚至规定其为非法！

少数真正具有可持续理念的技术，如自行车道、太阳能电池板、风力发电机、回收利用等，大多只是一些宣传："看，我们确实想出了办法！"其他的努力甚至更可悲，例如，在超市收银台提供可重复使用的劣质塑料购物袋，人们在里面放入由低密度聚乙烯、聚氯乙烯和其他塑料制成的小容器，里面装着一些工业生产的食物。

所以事实上，答案是"他们会想出办法的"，如核聚变、钍反应堆、超高效电池、藻类合成油、潮汐能、地热能、以微波形式将能量传递到地球的太空镜和由月球上的机器人开采的氦–3能量……他们将从海洋包合物中开采能量，这种包合物是在大洋深处发现的甲烷冰。我们不要忘了非生物石油这种东西，它是基于一个谬论而得出的，即原油是由地球直接分泌出来的，而非由几千年来的死去的有机物组成的。他们会对自己提出的东西一遍又一遍地再提出，让人们不断为之喝彩："看啊，他们又提出了些东西！"

我们一定会失败吗？

我们现在正在见证技术领域贫瘠的初期：大宗商品价格先是飙升，然后暴跌，变化越来越快；劳动参与率（比虚假的失业率更能反映社会现实）继续下降；[①] 高薪的全职生产工作正被低薪的兼职服务工作取代；退休被取消，有前景的新职业还没能开始。

当经济核心试图自力更生时，经济外围（即发展中和衰退中的经济体，以及发达经济体的外围地区）正面临着资源短缺。政府、企业和个人堆积了成堆的无论如何都无法偿还的坏账，最终协议上的承诺和现实结果间巨大的鸿沟将无法被填满，所有努力都将成为徒劳。这些努力正慢慢将曾经安全而富有成效的投资转变为毫无价值的金字塔骗局。

与此同时，我们所有人以及技术领域所依赖的生物圈正在日益恶化。如今，大片的海洋里漂浮的塑料碎片比浮游生物还多。海洋生物把塑料误认为食物吞下，最后被饿死。这听起来可能没那么可怕，为什么大海里不能同时拥有大量的浮游生物和塑料呢？但是浮游生物正在减少，而我们呼吸的大量氧气正是由浮游生物制造的。

---

① 据美国劳工统计局统计，截至 2016 年，美国劳动力人口为 159 286 000 人，其中失业人口有 7 966 000 人。还有 93 900 000 名工作年龄被认为"不在劳动力市场"的人。如果我们将"失业率"定义为"非工作年龄人口的百分比"，那么美国的失业率为 39%。

大气层的变暖最初是由化石燃料的燃烧造成的，但现在由于诸如北极甲烷排放和大面积森林火灾等的正反馈而加剧，它正在扰乱天气，导致并加剧了破坏性风暴，危及人们种植作物的能力。不断上升的海平面和日益强劲的风暴正侵蚀海岸线，使得大量有价值的海滨地产岌岌可危，最终一文不值。因此，即使技术领域会神奇地消失（这会造成惊人的生命损失），生物圈剩下的东西也可能会遭到严重的破坏，从而无法维持幸存者的生活。

但我们是适应性最强的物种，我们没有理由现在就放弃所有的希望。我希望如果技术领域失败，我们（至少我们其中一些人）将在其失败中幸存下来。此外，我希望技术领域不会一下子就崩溃，而是分阶段的，让我们有机会从中获得我们接下来继续发展所需要的东西。

技术领域的成功会是什么样的？

如果我们将技术领域的图景拼凑在一起，我们看到的是一种新兴的全球智能，它排斥所有形式的生命，喜欢物理和化学，排斥所有它无法支配或控制的东西，它善于利用人类达成自己的目的，但却在人类没有利用价值或者阻碍它们的时候轻而易举地消灭人类，因为它有最先进和最有效的杀戮技术，比如：常规武器、核武器、化学武器、细菌战以及将人类送上战场的政治技术。

在地球上，技术领域已经消耗了大部分令之欣喜的资源，如易开采的化石燃料、高级矿石以及其他浓缩矿产资源、淡水等。而它正将目光投向其他星球，尽管人类或地球上大多数其他高级的生命形式除了能生活在自己完成进化的星球，不太可能生活在其他星球，甚至不可能在去往其他星球的长途跋涉中幸存下来（因为有宇宙辐射），但实在也没有必要让人们这么做。实际上，最近在太空探索方面的努力涉及遥感技术和自动化技术，所有的努力都是为了在太阳系内外寻找技术上可利用的世界，因此还使用了无人探测器对太阳系进行探索。

载人航天飞行仍时不时地被谈论，但宇航员目前也只能到达近地轨道。美国人声称已经登上了月球，但我们还得拭目以待，看看这是否真的是斯坦利·库布里克巧妙拍摄的一场骗局。无论是否是真的，这不过是一个宣传噱头。事实上，人类在太空中是相当无用且多余的，而机器人却能做得很好。

不幸的是，从技术领域的角度来看，人类仍然是机器人制造过程中不可或缺的部分。可以说，如果没有人类工程师和技术人员的帮助，没有任何东西能发挥作用。认识到这一事实自然就能大力推动机器人制造、3D 打印技术、纳米技术、仿生技术（让机器模拟生物有机体）以及所有其他形式自动化的发展。因此，理想的情况是技术领域将以太空探测器的形式制造出大量"孢子"，然后将这些"孢子"发射到所有在技术上"可居住"的行星上，这些行星是银河系中与我们临近的小行星。一旦这些"孢子"着陆，它们将采用 3D 打印技术制造出各种采矿和制造设备。当然，在没有人类干扰的情况下，可以运用这项技术建造更多的太空探测器。

但如果有一个探测器降落在一个有生物圈的行星上会发生什么呢？会受到其他生物体的污染吗？因此，以防万一，探测器可能会携带某种生物灭杀剂，以便快速消灭这些生物。

我当然希望这种愚蠢狂妄的技术幻想不会产生任何结果。我更希望没有建造或发射任何探测器，或者所有的探测器都没有到达自己的着陆点，或者探测器由于与小行星撞击受损而无法着陆，或者即使着陆也无法完成任何曾经完成的任务。但有一种情况例外：探测器在一颗特殊的行星上降落，那颗行星上的昆虫觉得探测器里面的生物灭杀剂很美味。然后居住在那颗行星上的有情众生（只有在清醒状态下才有知觉）找到了生物灭杀剂并将其改制成可饮用的私酿酒。① 在我看来，在整个宇宙中，这对于技术领域来说似乎是最好的结果，做到了物尽其用。

反盖娅假说

有时候，技术领域似乎会阻碍自己的目标。如果战争物资已经足以杀死我们所有人好几次了，那么把资源浪费在武器上又有

_____

① 这个想法来自苏联科幻短篇小说竞赛的一部获奖作品，此作品在 20 世纪 70 年代发表于一本苏联青年杂志上，这部小说精彩绝伦却早已被遗忘。

什么意义呢？用持久性化学毒素和放射性核素污染环境，并使得服务于技术领域的人有很高的患癌率有什么意义呢？助长政府和银行的极端腐败，或为极端的社会不平等创造条件又有什么目的呢？这又如何使技术领域变得更强大，更有控制力，从而引发国际冲突，并将世界分裂为交战双方？这些都是败绩吗？还是说这些只是小问题，小到无关紧要？还是说或许就技术领域而言，它们的战略是完美的？这是一个令人震惊的想法！

如果仔细观察，我们会发现技术领域表现出的所有现象，虽然表面上看起来是问题，但实际上在许多相互关联的方面对技术领域都有所帮助。这些表象有助于技术领域的发展，使之变得更加复杂，更能充分支配生物圈。在很多方面这一事实都有迹可循，但让我们只考虑一下上面提到的那些更重要的"问题"吧。

对于癌症来说，通过防止致癌化学物质和放射性污染物进入环境，以及消除微波和电离辐射来降低癌症的发病率，这似乎是一个非常好的主意。然而，从技术领域的角度来看，这并不是最理想的。首先，将生物圈的利益置于其自身技术问题之上将会违反其主要宗旨。其次，这将限制技术干预的需求。癌症治疗是技术领域的一大杰作，它可以利用自己最喜欢的技术——化学（以化学疗法的形式）和物理（以放射疗法的形式）杀死生物（即癌细胞）。最后，这样做将会放弃对人类实施控制，不再迫使人类服从并服务于技术，人们也就不会发现自己失去了非常昂贵的、据称可以挽救生命的癌症疗法。因此，对于技术领域来说，最理想的结果是每个人的癌症都是可以治疗的，并且人们认为没有化疗和放疗他们就无法存活。技术领域希望我们对此保持耐心，而从某种意义上来说医疗病人的定义就是耐心。

当谈到助长政府和银行的极端腐败时，这似乎又一次起到了反作用。难道一个合法高效的金融部门和一个透明道德的政府不应该产生更好的结果吗？人们当然期望这样，但这更好的结果是对谁而言呢？道德治理和适当的银行监管会为某些人的目的而服务！这会使部分生物圈再次获益也是千真万确！因此，从技术领域的角度看，大型银行以各种手段汇集资金来贿赂政府官员，然后让这些官员不再监管或起诉它们，这样做效率要高得多。一旦这些腐败现象变得普遍且根深蒂固，公职人员忠诚的对象就不再是那些顽固执拗的被称作"选民"的人了，而变成了汲取财富的象征，这能让技术领域更容易充分发挥其优势。

最后，难道世界和平，有一个和平统一的全球政府不比将人类不断分裂成交战双方更加有利于技术领域的发展吗？或许是这样，但是这又如何使得技术领域对人类的伤害越来越大呢？当大国必须时常处于战备状态时，就要被迫武装自己，要武装就必须进行工业化，这样他们才能建立和发展一个独立的工业体系。如果不是为了满足军备竞赛的需求，一些国家可能更愿意放弃工业化，维持放牧或农耕的状态；但由于战争的威胁，他们要么进行工业化，要么只能接受战败。

战争还有其他"好处"。战争需要刀剑，战争结束后，这些刀剑可以锻造成犁头，而这些犁头能提高农业效率，但这反过来也会使农民劳动力过剩，迫使他们离开农村进入城市，在城市里他们必须进入工厂工作，这样也就推动了工业化进程。工业化国家通过战争消灭或奴役非工业化国家，因为这些非工业化国家在技术领域之外幸福地生活将会是一个坏榜样。最后，如果没有强大的战争机器，人们将有能力自我组织并保障自身安全，从而更难以受控制；强大的军事武器的存在使得安全有必要掌握在控制严格、纪律严格、由技术性专家官员组成的、等级森严的组织手里，而这也正是技术领域所推崇的。

因此，被看作是一个有机体的技术领域似乎知道自己想要什么，并且能找到获得它的关键途径。如果这个说法看起来像是一个奇怪的猜想，那么可以把它和詹姆斯·拉夫洛克的"盖娅假说"进行比较。拉夫洛克认为，居住在地球生物圈中的所有生物都可以被视为一个单一的超级有机体，它们具有复杂的自我调节系统，可以与地球上的无机元素相互作用，使地球维持在适合生物生存的状态。其基本功能包括调节温度、海水盐度和大气中各种气体的浓度。生物圈能够保持内在平衡，并且如果由于火山爆发和主要小行星撞击破坏了这种平衡，它也有能力恢复平衡，这证明了智能的进化，这种智能旨在最大程度实现生命网络的复杂性和多样性。尽管盖娅假说有些争议，而且不能直接验证，但它在许多学科中都得到了重视。

在这种背景下，我的假说（可以称之为"反盖娅假说"）似乎就不那么奇怪了。技术领域已经上升到盖娅假说和生物圈之上，并与之相对立，它拥有某种原始的新兴智能，使其更加复杂而有力，并在更大程度上主导着生物圈。

与自身就是有机体的盖娅假说不同，技术领域是生物圈的寄生虫，它把生物有机体当成机器，并尽可能用机器替代它们。这在农业产业化中表现得非常明显，它取代了复杂的生态系统，代之以像机器一样简单的化学培育工作。在工业农场里，动物都被关在一种机械化的地狱里，这完美地展示了技术领域是如何对待高等生物的。对我们人类来说，现代企业是技术领域产生影响的最好例子。在现代公司中，人们被鼓励（事实上是制度要求）扮演极度狂热者，盲目追求股东利益而忽视一切人道关怀。在政治方面，技术领域催生了政治机器，这些机器将选民们视作实验动物，引导他们在面对目标精准的大众媒体刺激时，按下特定的投票机器按钮。

此外，与盖娅假说努力保持内在平衡不同的是，这种智能追求不平衡的持续增长，这对于不可再生的自然资源储备有限的星球来说，无疑是走向了"死胡同"，如同走向灭绝。为了弥补这一点，在某些受其束缚的人类的帮助下，技术领域梦想着实现普遍征服：它梦想培育出一个能够自我复制的太空机器人种族；它梦想着抛弃这个疲惫不堪、千疮百孔的星球，去殖民其他星球，这些星球上有更多不可再生的自然资源任其肆意挥霍，更重要的是，又有一个全新的生物圈让其主导和摧毁了。最后一点非常重要，因为如果没有生物供它驱使，让它像机器一样运作，那么技术领域将会失去其存在的意义；如果没有生物圈让它去征服和摧毁，技术领域就会变成一个又盲又聋的机器人，在黑暗中自言自语；如果没有如生命一般美好的事物，技术领域甚至不会渴望邪恶，而只会保持平庸，如同太空中的一个小部件。

 正处于危险境地

到底有多严重呢？

我们所有人的生存都依赖于生物圈，因为生物圈中有供我们呼吸的空气、饮用的水、种植食物的土壤，还有我们体内复杂且不断进化的微生物群落——这些微生物也占据我们体重的一部分。生物圈的破坏会给我们带来多种致命的危险：全球变暖使热带地区的疾病渐渐蔓延到北方；海平面上升预计将会淹没近一半我们居住的海滨城市；逐渐消失的山地冰川正在将耕地变成沙漠，使人类面临饥荒的威胁。

我们大多数人的生存也依赖于技术领域。如果遭遇断电、水供应不足、运输燃料难以获得等状况，我们大多数人将无法获得食物、药品、暖气和空调，会遭受饥饿、脱水，会导致体温过低或中暑，甚至生病和死亡。如果没有通信和交通网络，我们就会陷入困境，难以交流。

现在我们可以清楚地知道，技术领域以无数相互关联的方式主导、破坏并扼杀生物圈，这样的例子不胜枚举。

海洋正变得越来越糟糕。塑料污染成灾，淹没在海洋里。其形细小，而且含有的物质寿命长，这些塑料制品腐烂时会将毒素释放到海洋里。海洋的酸度和水温日益上升，会危及贝类和珊瑚。现在到处都在增加化学毒素，例如在"深海地平线"灾难后，英国石油公司使用的 1.84 万加仑（1 加仑约为 4.5 升）石油分散剂，以及农场和草坪中的化肥径流，这些都导致了缺氧死亡地带的出现和蔓延。所有这一切都迫使海洋退化到以细菌和水母为主的原始状态。如果没有海洋生物作为食物来源，那么沿海和岛屿的居民将如何生存？

核污染问题益日严重。所有核武器生产和核能所释放的物质，不仅寿命长，而且还存在持续性的危险，其持续时间将超过任何可预见的文明的最长时间，甚至超过人类的最长预期寿命。随着贮藏核材料的设施年久失修并遭到废弃，放射性污染将扩散至全球各个区域。随着核污染逐渐在风和洋流、鸟类迁徙、森林火灾产生的烟雾和暴雨径流的作用下扩散，后工业社会将如何追踪核污染区域？

化石燃料给气候带来的破坏程度，可能已经导致了无法遏制的直接效应，如此一来，我们在农业方面所做的努力将付诸东流。大约在一万年前，人类开始发展农业，此后，文明发展起起伏伏，最终形成了现在的全球工业文明。从冰芯、树木年轮化石和其他证据来源可以推断出，过去一万年也是气候异常稳定的时期。这并非巧合——气候不稳定，粮食就会大量歉收，难以维持谷物的储备，也就不会产生一年作物单一耕作这种最常见的农业形式。现在我们已经进入了被称为"人类世"的地质时代，因为这个时代受人类活动的影响巨大，农业发展可能会再次遇到困难。如果不依赖常规的农作物种植方法，那么人类将如何生存？

传染病控制已经让很多人幸存下来，使得人口大量增加，但医生和农场主现在却过量使用抗生素，导致细菌对抗生素的耐药性适应要比新抗生素发明、测试和应用快。一些医学专家预测抗生素将在短短十年内变得毫无效用，尽管许多人和饲养的动物会使用抗生素，但无意中会丧失预防传染病的免疫力。当医疗产业失败以及疾病增加时，人类社区和家庭要如何应对发病率和死亡率的急剧上升？

技术进步已经使人类比以往任何时候都更加无助和依赖。当他们失去生活资料，就会难以生存，所以他们要长途跋涉，要自己制造工具、避难所，在没有外界帮助的情况下自己解决吃饭穿衣的问题；他们还要利用大自然的资源治疗疾病，或者教育孩子要独立生存。这些人自出生以来就已习惯了被大量工业机器的照顾，当突然被迫依靠自身智慧和体力来生存时，他们将如何应对？他们中有多少人甚至不会去尝试而只是等待永远不会到来的救援呢？

由此可见，如果生物圈赢得了这场斗争，技术领域由此消失，我们中的许多人将会死去；但如果是技术领域获胜，并消灭了生物圈里剩下的生物，我们所有人都将死去。区别在于：对于大多数人来说，摧毁技术领域是一种自杀行为，但让它继续下去对于所有人来说也是一种自杀行为。

结果一定是这样吗？我当然希望不是！但要如何选择呢？我们真的必须在屠杀和灭绝之间做出选择，还是有第三种选择的可能性？我相信是有的。我们的任务不是摧毁技术领域，也不是让它恣意发展，然后无法受控，以至于失败。我们的任务是把技术领域缩小，精心挑选出必需品。这就意味着我们要戒掉一些坏习惯，舍弃一些奢侈品和舒适的享受。但这只是天平的一端，另一端是什么呢？

技术领域带来的负面影响绝不仅限于环境，它对人类的影响同样严重，甚至更糟。当我们缩小技术领域后，我们将重新获得它从我们身上夺走的所有一切：自主决策；闲暇时间；相对无压力的生活方式；接近大自然的能力；与我们关心的人而非陌生人共度时光；亲手制作我们需要的东西，而不是去买一些我们不需要的东西……最后一点也非常重要，那就是我们要对未来抱有希望。

记住我们是谁

让我们把自己视为一个物种放在更广阔的历史背景中。当前的工业文明只是我们漫长历史中的一个小插曲，它开始于大约280万年前第一个工具制造者：能人。在这个时间尺度上，农业和城市发展的时间只占其中的0.3%，而工业化开始以来的两个世纪只占微不足道的0.01%。如果我们将人类的整个存在时间视为一天，那么我们在晚上10点左右发明了农业，晚上11点57分左右实现了工业化。如果我们把现在视为新的一天的黎明，那么工业化进程很可能不到一分钟就结束了。

因此，尽管我们的历史只剩最后三分钟了，我们也有必要回顾一下我们到底是谁。让我们忘记科幻小说里的剧情，即这三分钟的最后几秒是我们的升空阶段，我们要去殖民其他星球，但并非如此。到目前为止，我们所能做的就是发射一些小玩意儿到寒冷黑暗的太空中，我们可能会再发射一些这样的小玩意儿，但那将是我们的"太空旅行"和"恒星稳定"计划的终结。让我们想象这样一个未来：当前的工业热点转瞬即逝，看起来像是一场全球性的疯狂事件，很快就会因为不可再生自然资源的枯竭和环境遭到破坏而终止。我们要承认，如果我们成功缩小了技术领域，那么我们很有可能迅速回到一个生活常态，即装备精良、智慧开明、持久稳定的状态；但是如果我们失败了，就会回到一个混乱的、灾难性的、短暂的状态。

什么才是真理？

如果置身于工业化环境之外，我们会和自己说些什么才接近普遍真理？下面我将列出一些人类的一般属性，这些属性理应毫无争议，但当然也会存在争议，因为对于我们中的许多人来说，我们对一般事物的看法已经被技术领域内的生活扭曲了。我们被灌输的价值观是技术领域为我们选择的，其目的是使人类依赖技术领域和易于被控制：它希望我们分裂成孤立的个体，因为个体不能像紧密团结的群体一样奋起抗争；它希望我们尽可能多地依赖它，因为依赖的人都会变得屈从和奉承；它想要剥夺我们的决策能力，影响我们的判断力和改变我们的发展方向，并要求我们将这些能力都交给专家，或者最好是交给在互联网服务器上运行的机器人和算法。

那么，让我们从争议性最小的一点来讨论，即所有人都是密切相关的。如今不存在人类亚种，我们全都是智人。从生物学角度讲，所有人类几乎都是表亲。将一个重要的遗传成分归因于种族和民族这种概念，等于忽略了大量的考古学证据，这些概念是人为创造的，实际上没有生物性基础。但是，如果允许自然选择和自然变异发挥作用，那么就确实存在"人类"这个物种：把人类放在一个炎热、阳光充足的地方，大约一万年后，他们的肤色就会变黑；把他们放在一个全年寒冷、不能赤身裸体的地方，那么约一万年后，他们皮肤色素又会消失；如果让他们在大草原上追逐猎物，他们会变得又高又瘦；让他们在浮冰中划船，在冰屋里度过极地的冬天，他们会变得矮小肥胖；但如果他们都在一起生活，孕育后代，那么很快人类就会具备偏深肤色、中等身材这样的典型特征，就像如果让狗按照自己的意愿繁殖，它们很快就会变成尖鼻子、卷尾巴的中型犬。

第二个争议性小却值得探讨的是，人类创造出了多种多样的文化。每种独特的自然环境都需要有独特的文化来适应，但除此之外，每个小族群和部落都试图与其他人有所不同，仅仅因为他们的个人意愿。因为这种差异，会强化他们的群体认同感和忠诚度，并使之难以转换其他群体。人类对陌生人的容忍度通常很低，族群和部落倾向于将陌生人当作群体而非个体来对待。个性通常只允许在群体内表现出来，而群体之外，最重要的是保持团结。

因此，可以说人类是天生的分离主义者，他们试图分散到各地，以避开其他部落的成员。但由于族群和部落间需要杂交繁殖以避免近亲繁殖，因此可以选择性地利用一些方式方法，来打破部落间的这种障碍。一种是抢亲，最古老的婚姻形式是"诱拐成婚"。尽管大多数已演变成"绑架式婚姻"，但它至今还出人意料地存在于大量文化中。这种仪式要求新娘要反抗，但不能太大声，否则新郎和他的朋友就会有挨打的风险。一种是交换孩子，这使得两个孩子在双语环境中成长，如果族群或部落之间需要交易、联盟或以其他方式合作，那么这两个孩子就能发挥其价值。还有一种是俘虏，而奴隶要在农业或者工业社会才会有价值，但他们可以喂养牲畜或者充当部落间的翻译。

还有一些值得注意的例外，如人类往往把性别差异分得很清楚。孩子们可以做任何他们喜欢做的事，但男孩通常会模仿他们的父亲，而女孩则模仿她们的母亲。这种教育方式会很有效，因为孩子们需要从长辈那里潜移默化地学习大量的实用知识，但不可能全都学到。通常会有一个成人仪式将儿童和成年人分开，在这个仪式之后，性别往往就会被界定得非常严格。人们常说男人狩猎，女人采集，这完全是无稽之谈，因为这两件事需要男人和女人共同完成（一般都是诱捕和采集之说，单说狩猎的很少）。然而，性别角色往往是不同的。很明显，两种性别都具备领导能力：男性是通过专制行动和命令公开行使领导权；而女性是通过劝说、密谋、消极抵抗的方式来行使领导权。真正的权力中心通常是以女性为主导的家庭，很少有男人会愚蠢到发号施令，因为他们知道会遭到抵制。

还有其他一些毫无争议的共性。人类倾向于一夫一妻制。他们往往对自己的性生活非常保密，从小就有自己的隐私。他们通常在家庭之外会建立一些亲密的友谊，这种友谊贯穿他们的一生。

更具有争议的是，人类往往具有领土意识，即使他们是游牧民族或是迁徙民族，漫步于广阔的领地之上，他们会将自我意识深深植根于自然景观中，其中某些特征通常被认为是神圣的，比如一块奇怪的石头、一片小树林或一汪泉水。他们会用一系列的禁忌和不成文的规定规范与自然和彼此之间的关系，他们有自己的口述史、宇宙进化论和神话，这些都可以作为史诗、歌曲和故事代代相传，其中一些流传了上千年。

可是，还有更具争议的是，人类会像许多动物一样，出于各种原因自相残杀，有些人甚至同类相食。战争以一种直接的方式来减少人口给环境带来的压力，因为拥挤的环境会不由自主地增加许多动物的暴力倾向，当然，人类也不例外。除此之外，战争还具有别的目的，如捍卫领土、加强邻国关系，甚至对那些风俗让人不可接受的群体进行种族灭绝。当两个部落为争夺领土而战时，通常战胜一方会让所有的男同胞前往失败一方，将那里的女性占为己有。偷袭邻国也很常见，反复偷袭有时也可以缓解偶然间的不平等。尽管自相残杀和弑父是普遍禁忌的，但在饥荒时期任由老人挨饿也并不少见。

最后，人类对异常事物的容忍度通常很低，这也可能是到目前为止最具争议性的一点。对那些被视作不正常的人给予同情怜悯，与人类文化的普遍性相去甚远，这一点虽然不幸但却无可争议。例如，杀婴是消灭先天缺陷婴儿的常见方法。生理上的完好无缺通常受到高度重视，而与之相悖则会遭到苛刻的对待。体弱者、意志薄弱者、慢性病患者、变态者、性倾向反常者往往都会受到区别对待。如果他们没有卓越的特殊才能，是不会受到重视的，反而会被轻易地抛弃或者忽视。在更加严酷的社会中，他们会被放逐甚至被杀害。那些被认为是"怪胎"的人，经常被嘲笑和虐待。这种对异常者和残疾人的态度并非武断无情，而是一种实事求是的生存价值观。无论是身体还是精神，生存就意味着要付出艰辛和努力，那些有代表性的族群或者部落必须像体育团队一样，这样比喻再形象不过了，大自然是不会为我们组织任何形式的特殊奥运会的。

我们所有引以为豪的文明价值观，包括人权，代议制民主，种族、族裔或是性别层面上的少数族群的权利，残疾人的权利，这些在本质上并不存在。这些都会形成同一种文化，这种特殊的文化已经对整个地球产生了巨大的影响，因为它是技术领域的最佳选择。无论我们多么珍视自由主义、人道主义、性别平等、人权、民主原则、少数民族权利、残疾人权利、"保护责任"①，无论我们多么热衷于这一切，当技术领域遇到困境时，这种文化也同样会遇到困境。

我们中有一些人是在托马斯·杰弗逊总统的思想下成长的，他们认为有些"真理"是"不证自明"的，其中包括"生存、自由和追求幸福"的"不可剥夺的权利"，因此我们需要退一步进

---

① "保护责任"（简称 R2P）是一个受到争议的政治原则。根据这一原则，当 A 部落要屠杀 B 部落的人时，来自世界各地的 Q 部落有权干预，以保护 B 部落遭遇灭绝，尽管在这一过程之中，Q 部落在上述屠杀事件中不存在立场。

行反思。没有什么事情是"不证自明"的，这只是一个华而不实的词，因为一个既定的事实可以用作证据去支撑另一个尚待确定的事实，但它却不能为自己证明，只是同义的反复，它不能推进论点。至于剩下的部分，你可以看看：你有没有看到任何例子表明这些权利是可以被"剥夺"的？世界上有没有人被谋杀、被监禁、抑或是非常悲惨呢？那么，他们的权利呢？对于他们而言，你难道没有"保护责任"吗？那么立刻行动起来，纠正这些错误吧！

也许在采取行动之前，你应该先环顾四周，预见你可能会面临的遭遇。你有没有看到有人声称自己拥有这些不可剥夺的权利，即他们可以挖出人的心，在摄像机前吃掉，然后再将结果公布在网上？你有看到国家领导人有所作为去阻止他们这样做吗？也许，你能做的最好的是不与这些人为伍，不让他们靠近你自己的族群。而在你做到这一点之前，你需要弄清楚谁与你是同一阵营的，谁不是。

最终，所有这些被吹捧的原则和价值观，常常被贴上"西方"的标签，都将成为文化中的陈词滥调，会被束缚在技术领域中并随之消亡。如果你喜欢它们，就尽管去保留吧，但要注意，它们可能对你的生存没有帮助。

共同价值观问题

可以预见，在上述我们所谈论到的共同的、人类历史等方面问题时，大多数读者会认为其中很多是落后的和不与时俱进的，与现代社会生活方式格格不入。当然，他们的想法也是对的。尽管如此，这个问题还是值得考虑，这并不是因为一定要去模仿或者重新采纳旧的特征，而是我们从这些旧特征上可获得其他事物。如果事实证明你所认为的开明的、进步的以及你自己的价值观——实际上是技术领域的价值观，并且完全符合技术领域自身的需求和动机，而与你自己的并不相符，结果会怎么样呢？如果你和技术领域最终拥有同样的价值观，那么你怎么能指望再站起来反对它呢？站起来做什么？屈服吗？

我们接着往下看，给你足够的机会来弄清自己的感受。

一方面，让人类都生活在祖祖辈辈生活的地方，充分利用先辈们经过时间磨砺所形成的生理适应能力，比如黝黑的皮肤、健壮的身材、大量的皮下脂肪以及应对某种流行性疾病的能力，这对他们来说是一个好主意吗？也许你会觉得这样的安排太过限制个人的行动自由，应该允许人们像现在这样在整个地球上活动。毕竟，如果他们大部分时间都生活在无菌的空调环境，他们的生理适应性会有什么不同呢？技术领域消失后，把人造环境也带走，才会变得重要。然后，你会看到身材粗壮、皮肤较白的北方人被困在热带地区，死于中暑或晒伤；而身材瘦长、皮肤黝黑的南方人因为适应了南方的沙漠气候，在白雪皑皑的北方死于冻伤或体温过低。

另一方面，文化和种族多样性看起来确实是赢家，它是一种象征自由和进步的声音，直到你意识到这种文化和种族多样性对于那些声称自己有权只与同类打交道的人来说，除了一些贸易、抢夺新娘和奇特的突袭派对外，还意味着什么。你是愿意给予他们这种权利，还是宁愿尝试着让他们所有人和谐地生活在单一的"多元文化"社会中，让他们的孩子与其文化不相容的陌生孩子一起上学，即使徒劳也在所不惜呢？如果一个部落只想和自己的同类待在一起，对所有外来者都不欢迎，你会坚持和他们抗争，还是任由他们那样做？

从技术领域的角度看，部落行为显然不是最佳的。技术领域想要与单个人打交道，因为人类个体弱小，容易控制和支配。但是他们一旦紧密地团结起来，成为有凝聚力的群体，就会变得强大而坚韧。一百多个人就可以坚守一片土地，制定自己的目标，并且随时准备为彼此献身。这无疑是一种不容小觑的力量，与技术领域完全统治和控制所有生物的目标完全不相称。

但是仔细想想，当技术领域消失，警察、法院、监狱和其他所有的东西也随之消失时，会发生什么？你愿意让陌生人围绕在你身边吗？在一个可怕而陌生的世界里，你孤身一人，这些陌生人随时都可能背叛你。还是说你更喜欢熟悉的人在你身边？对你来说，这些人性格直率，是你认识的人、信任的人甚至可能是你爱的人，他们愿意为你而死，而你也一样。这个选择似乎就显而易见了。

接着往下看，你偏向传统、严格的性别角色和明确区分生物性别之间的关系吗？还是你相信性别平等、权利平等、性别角色的多变、分担一切责任、完全接受同性恋和变性人？显然后者听起来更进步、更自由，在一些国家甚至是爱国的，而前者听起来显然很守旧、过时。与前者相比，你可能更喜欢后者。

但是技术领域更喜欢什么呢？它喜欢男性表现出男子气概，建立无可置疑、坚如磐石的团结力量，而女性就应该扮演女性的角色，形成稳定的部落姐妹关系呢，还是更喜欢两者之间最大限度的疏远？它是喜欢男性和女性之间的相处方式由一个长久存在、不可违背的传统所控制，在这个传统中，所有人都受到同一个不成文的、难以言说的行为准则的束缚，还是喜欢我们通过无休止的性别斗争来削弱自身和家庭？

也许，技术领域希望每个人都是模糊不清的雌雄同体、不男不女，希望他们温顺、柔弱、文静，基本上服服帖帖？毕竟，如今所有的男人和女人需要做的就是按按钮并按照算法和机器人的指示行事，即使他们之间完全没有性别之分，也可以把这些事情做得足够好。另外，人们为何不放纵自己的性幻想呢？不管这听起来有多反常离奇，为什么不能在对方变性的情况下让社会接受同性恋呢？这种现象越多越好！类似可接受行为的范围越广，人们对彼此的期望就会越低，他们的兴趣和品位就越不可能一致，这样他们对彼此的利用价值就越低，因此也就更容易被操控。

如果父母给孩子们树立了强大的榜样，孩子们只要跟在父母身边，父母尽其所能帮助他们，他们就能学到所有必备的生存技能。技术领域会愿意看到这种情形吗？答案当然是不愿意的。因为这会让孩子们的意志更坚强，会让他们更独立。毫无疑问，这不利于有资历和技能的教育工作者给学生灌输知识，强迫学生为了应付考试而去记忆大量无用的东西；这类考试无疑是糟糕的教育辅助工具，但也确实为老师和学生建立了绩效标准，同时也为控制学生提供了一个不错的方法。技术领域认为，让家长们感到困惑或者冷漠，通常是被动的，但是为了孩子们学业有成，家长们不得不和老师们合作。毕竟，技术领域希望你们的孩子属于它，而不是属于父母。

让我们来讨论一下婚姻制度。婚礼是为了庆祝一段浪漫的爱情并赋予两性关系尊严的一种仪式吗？如果两人之间浪漫的爱意消逝了，然后离婚，去寻找另外一段新的、短暂的恋爱，这可以接受吗？还是说婚姻应该被视为一份终身契约，基于对族群的过去和未来世世代代的责任感，需要你为了整体利益而完全放弃个人利益？

显然，技术领域的利益就在于尽可能地使人际关系淡化、肤浅以及变得短暂，这样个人就没有更大的社会实体可以依赖。在群体决策中，有势力的大家庭能够让个人去培养一定的自治权以及决策自由，而这是技术领域深恶痛绝的。技术领域希望通过官僚机构、技术管理和个人监督来控制一切。弱势家庭也有助于打破代与代之间的联系，使得孩子更容易受教育者支配，更具可塑性并且更容易受控制。

为了达到这一目的，对于大家庭来说，共同生活自古以来就是人类的基石，但这样的大家庭几乎被摧毁，取而代之的是核心家庭。而现在，核心家庭也正在被瓦解。美国疾病控制与预防中心（CDC）的数据显示，2013年美国白人的未婚生子女的比例为29.3%，西班牙裔为54.2%，非裔美国人为71.4%。父亲在很大程度上被认为是多余的，而现在轮到母亲被认为是多余的了：因为工作上的要求，母亲没时间带孩子，带孩子不会给她们带来经济收入，因此只能将孩子托付给有国家补贴的托儿所，托儿所的陌生人拿着低收入抚养孩子长大。

你可能有理由认为，现代社会的秩序增加了选择的自由和机会。但是，如果技术领域给大家庭带来的服务都消失，那些难以共存的大家庭或者力量柔弱的核心家庭又会发生些什么呢？这些家庭可能很难继续生活下去，因为除了安排生活，就没有任何实质性的东西了。然而当这种生活秩序消失时，还有什么可以依靠呢？从另一个角度来讲，几代同堂的大家庭至死不渝地把"尽一切可能帮助他们的家庭成员"视为他们神圣不可侵犯的责任，他们应该能够做得更好。

当谈论到行动自由时，现代社会秩序试图去打破我们由来已久的生活方式，往往是我们在外居住的时间要比我们在出生地的时间长很多。人们渴望漂泊，在一个地方成长，在另一个地方读书，然后再到另一个城市定居。许多人认为换房子、换社区、换城市甚至换国家没什么大不了的，不过是换工作的副产品。对于技术领域而言，因为劳动力去了需要的地方，所以这种社会安排是最有利的。没有人会去特别牵挂当地的一草一木，当它迫于经济发展被破坏成一片贫瘠、不堪的沥青水泥堆时，会被挪到经济欠发达地区。也正是由于没有人会和临时居住的人有什么特殊联系，这就导致了他们不会有机会发展强大的人际关系，培养自给自足和自治能力，从而使他们易于被支配和控制。

但是，当技术领域瓦解时，流离失所的人群将被困在陌生人群中。扎根情结强烈的人会与领地祖先血缘建立联系，他们会自发抵御外来的威胁。而那些漂泊不定的、对一个地方没有情怀的人将只会考虑到自己，或者可能会基于同情对一小部分人表示同情，但是他们不会自发组织形成抗击力量。

现在我们将讨论一个更严肃的话题：谋杀。"汝不可杀戮"这条戒律显得很奇怪，因为官方一直都在纵容谋杀。或许这条戒律应该修正为"除非上级命令，你不可杀人"。也就是说，你不允许杀人，除非是出于自卫，或者在某些司法管辖区是出于冲动杀人，但是技术领域就能够去杀人，并且你可以代表它去杀人。现在，关于谋杀有一个奇怪的现象，即在几乎没有或根本没有法律条文约束的地方，往往很少有谋杀案发生。这是因为在这类地区，一场谋杀往往会导致一段血海深仇，而受害者的亲友或多或少都会为之复仇，除非这段谋杀案通过血债来偿还。但技术领域显然不希望你们自己伸张正义（或类似正义的事情）。高谋杀率会让技术领域更加受益，这会让人们感觉到不安全并要求更多的警察来保护他们，从而让他们更容易被控制。

最后，我们将讨论如何对待那些身体或精神上异常的人，以及那些用政治正确的话来说，现在被称为"不同能力者"。当然，开明的、现代的方式会否认有"正常"事物的存在，我们所有人在不同地方都会表现出异常的现象，例如自闭症、强迫症、焦虑、抑郁、恐慌、上瘾、进食障碍等。我们的目标是让所有患者和残疾人，无论严重程度怎样，都能通过各种各样的技术过上充实、幸福的生活，从低技术的轮椅坡道到高技术的呼吸控制轮椅和语音合成器。

斯蒂芬·霍金教授是利用科技的代表人物，他在剑桥大学担任艾萨克·牛顿爵士曾经的职位，直到 2009 年退休。霍金几乎完全瘫痪了，令人不忍直视，但他通过移动他的眼球和运动脸部肌肉将信息传递给大脑，运用语音合成器来传达他深奥的宇宙学思想。霍金曾经说过，我们应该放缓对生物圈的破坏，因为我们还需要花几个世纪来弄清如何离开这个星球，并移民到另一个星球。我想他还没有听说工业文明快结束了，但他绝对不是唯一一个没有听说这个消息的人。

霍金长期以来在剑桥大学担任艾萨克·牛顿曾经的职位，这看起来有些不匹配。牛顿在他的笔记本中用经典的希腊语写道，他崇尚外表的美丽，并且轻视任何形式上的缺陷，并认为这种缺陷让人厌恶。如果是在古希腊，霍金很少能出现在公众场合，而是躲到丛林中悄然离去，因为人们害怕他的出现会冒犯神灵。但是，如果没有古希腊科学，牛顿和霍金都不可能成为优秀的教授，因为整个现代科学传统都是从古希腊时期开始的。

这似乎与霍金谈论殖民太空的想法有些不协调，而希腊科学与之毫无关系。这是一种纯粹的对神圣完美的追求。当然，阿基米德为了保卫他的家乡锡拉库扎，用镜子来烧掉罗马舰队是很有意义的，但在和平时期，任何这样的应用都会被认为是不光彩的。因此，对于古希腊人来说，发展技术领域是不可能的，而霍金是技术领域的代言人。从古希腊的角度来看，霍金的存在不仅是件可憎的事，而且是科学的尴尬。但是对我们来说，他是个英雄，因为他尽管患有渐冻症，仍然坚持不懈。

如今，对于许多人而言，我们对那些身体有缺陷的人的支持性治疗是人性的体现，无论是肥胖、成瘾还是每一种都有一点。这也是法律对我们的要求。越来越少的职业，比如警察、消防员、护理人员和军人，都需要体能测试；所有其他情况下，残疾人必须与健全的申请人一起考虑。这其实是一个很困难的问题，这关系到我们为了安全和稳定愿意付出多少同情心。

但是技术领域想要什么？它希望我们所有人都成为医疗系统中的患者。它没有健康标准，只有相对疾病来说的一个统计指标。如果我们所有人都被认为患病，需要不断的医疗监督，这就增加了它对我们的控制力。如果我们很软弱，那么这会使我们更加依赖它；如果没有它，我们就无能为力。只要有一个家庭成员经常需要医疗监督，就足以确保整个家庭永远都需要医疗服务，并将竭尽所能维持其服务。

但是，当技术领域消失，医疗系统也随之消失时，他们该怎么办呢？在这里，我们必须把我们的同情心和人性的部分放到一边。任何身体和精神上有缺陷的人都会自动成为巨大的负担：身体上，不能行走，体重过重而难以被别人抬走，就会成为行动上的障碍；精神上，任何遭受精神崩溃的人，在所处的环境突然发生改变的时候，他们会影响周围每个人。在我们努力缩小技术领域的同时，我们对于那些无法养活自己还要高度依赖技术领域的人的帮助也必然会减小。这是一个尴尬的局面，但是没有人放弃自然选择和适者生存。如果我们想生存，就必须保持健康，并与同样健康的人在一起。

如果技术领域认为有用的事物和我们重视的完全一样，那么我们要努力摆脱技术领域的束缚可能就不会成功。我们应该预料到，即使很多人通过掌握的知识能意识到技术领域对他们灌输的价值观是不良的，会危及他们的生存，他们还是会发现自己不愿意、不能改变或既不愿意也不能改变他们的价值观。另外，没有理由认为所有传统的、部落的人类价值观都是生存所必需的，毕竟，人类文化千差万别。或许，一个社区信奉两性平等、对同性恋者友好、对残疾人容忍、对各种人类弱点和缺点宽容，可能没有传统模式群落的效率高，但这只是一个猜测，如果能找到应对效率低下的有效的弥补方法呢？我们不要预先判断，要观察并自己决定。也许以斯巴达为原型来构建我们的社会，会给我们最大的生存机会，但是我们当中有多少人想像斯巴达人那样生活呢？

在决定如何最好地装备自己以应对未来的艰巨任务时，我们需要妥协多少？选择工具和其他技术相对容易。有很多东西要学，但是需要时间和实践。要选择和我们在一起、支持我们的人并从他们那里获得支持，是非常困难的。有很多事情可以相对安全地妥协，如外在美、青春、时尚感、智慧、开明、进步的世界观，仔细想想，这些都是不重要的。但是，如果你缺乏健康、忠诚、常识、适应能力、交际能力、稀缺但珍贵的归属感（对一个地方或是一个团体的强烈归属意识），那么整个计划一定会陷入困境。

事实上，所有你能选择的人在某种程度上都是有缺陷的，这使得选择变得更加困难。有些人的生活受过太多庇护，而另一些人依靠自己还受过创伤；有些人一直都处于上瘾的循环圈，已经到达底线并康复，而另一些人则有着光鲜的历史，一旦受到压力就会立即崩溃，而原因仅仅是习惯于养尊处优。最终，你选择的方式可能比你选择的人更能说服你。但你必须做出选择，因为孤独、表面坚强但实际上非常脆弱的人是没有机会与技术领域抗衡的。可以说除了原油外，人类是技术领域的最爱，而且人类只能团结一致来对抗它。

为什么现在采取行动？

你可能会问，当下最要紧的是什么？毕竟，环境恶化已经持续了很长一段时间，并且将在几个世纪内继续恶化。是的，技术领域日益变得具有侵略性和压迫性，但这也不是一个新的现象。是的，不可再生资源正在枯竭，但自从第一次被开采以来，它们就一直在枯竭，所以向采掘工业投入更多的资金和能源似乎可以暂时缓解目前的资源枯竭。但是为什么现在又要全力以赴缩小它？

原因就是技术领域已经病入膏肓。随着它病得越来越严重，如果我们继续依赖它，它会使我们也患病。你会看到，它能继续增长的唯一原因是通过消耗越来越多的不可再生自然资源，比如石油、天然气、煤炭、金属矿石等。事实证明，现在这种趋势已经变得难以持续下去了。克里斯托弗·克拉格斯顿（Christopher Clugston）对剩余的不可再生自然资源供应进行了全面评估，并在他的《稀缺性：人类的最后篇章》一书中进行了详细阐述。这是一部令人信服、值得关注的作品，它让技术爱好者们想迁怒于传递坏消息的人。因为它意味着技术文明是一份自杀契约，而这并不是技术爱好者能够安心接受的事实，因为这样做会给他们带来严重的精神问题。

克拉格斯顿审查了不可再生自然资源（NNRS）的统计数据，这些数据来自美国地质勘探局、美国能源信息署、经济分析局、美国劳工统计局、美联储、美国国会预算局、美国联邦调查局、国际能源机构、联合国和世界银行，最后他得出结论："如果不将自然资源利用率立即或大幅减少……在未来几十年中，由于不可再生自然资源逐渐稀缺，我们将经历日益加剧的国际和国内冲突，到2050年可能会演变成全球性社会崩溃。"例如，锂的供应量只有8年，因此不要把太多希望寄托在电动汽车或使用锂电池的便携式电脑设备上。炼钢的主要原料是铁矿石，但仅够使用15年了。很多别的资源也不例外，如用于生产铝的矾土，作为丰富资源之一，也仅有40年的供应量。

我们应该注意的是，这些供应问题并不是预计会在某个遥远的、可能是虚构的未来出现的问题，它们就存在于当下。看看21世纪迄今为止，大宗商品的价格高低起伏，犹如过山车一样，呈现出一幅恒定永久的危机画面。很多时候，商品价格要么太高，消费者没有能力购买制成品；要么太低，生产商没有能力去开采资源。由于这种持续的市场波动，战略生产计划变得毫无价值，所以生产商和消费者以及整个经济的损失不断增加。

如果这不是你习惯听到的叙述，那是因为有一个很好的理由。你看，无论何时，每当社会面临困境，他们就必须被迫承认他们的问题是无法解决的，他们往往会遭受类似于整个社会的精神崩溃，并尽其所能坚持他们的信念，即一切都会好起来的。例如，当苏联经济这列火车停止运行时，人们清楚地认识到，只有成为一个完全不同的经济体，在没有苏联政府的领导下，才能使经济发展运行起来。这时的经济，打个比方，就像是拉上窗帘，打开了伏特加和鱼子酱，雇了些小屁孩摇动火车，假装火车一直在运行。

这与我们今天所看到的非常相似，不可再生自然资源渐趋耗竭，导致经济增长放缓，这样的现实让人感到无能为力。在很多发达国家，经济已陷入停滞。为了应对这一局面，货币当局推出了一波又一波的"刺激"政策：量化宽松、零利率政策（ZIRP）以及现在的负利率政策（NIRP）。这避免了金融体系的彻底崩溃，但货币政策无法创造出一个充满轻质低硫原油的超大油田、无烟煤地质层或高纯度赤铁矿，货币政策甚至无法防止市场恐慌，它所能做的就是在无法确定但可能相当短的一段时间内，延缓市场恐慌的发生。

这就是技术领域在垂死挣扎。一会儿油价过低，压垮了石油行业；一会儿又过高，压垮了经济的其他环节。当供需出现分歧，大多数石油消费者在不破产的情况下能够支付的价格低于石油生产商维持业务所需的价格时，游戏实际上就结束了。与此同时，我们看到财政紧缩，金融不稳定加剧，劳动率持续下降，中产阶级不断萎缩，越来越多的国家遭遇困难。

这时，避免那些未来的致命性、灾难性后果的发生是很有必要和刻不容缓的。

对我们大多数人来说，最大的危险是，当我们无法获得技术领域的许多产品和服务，并且无法找到任何方法来弥补它们的损失时，就会死于戒断症状。对于那些靠工业医学维持生命的人来说，这是不可避免的。对于另外一些人来说，尤其是那些身体健康而且拥有土地的人，他们可能会转向捕鱼、狩猎、采集，并最终种植自己的食物。

下一个危险是在错误的时间被困在错误的地方。技术领域一旦停止，我们就会被技术领域碾压或被困在死气沉沉、腐烂不堪的残骸下面。主要人口中心可能是最脆弱的。受到被委婉地称为"法律与秩序"的官方暴力公然威胁而严重分裂、内部冲突不断的社会，虽然团结在一起，但还是很可能遭受大量的抢劫、伤害、强奸和谋杀。即使暴力不能影响到你，那么高密度的建筑环境，缺失正常运行的公共设施和交通网络，你也会无法生存下去。

另一个极端在主要依靠土地生活的传统社会根深蒂固。当地人自己管理内部的治安，制定自己的法律，在遭受外来入侵时，他们可以做得很好。但如果你想与他们一起生活，那么与他们达成和平，赢得他们的尊重和信任是很重要的，不过要花时间、精力，还需要靠一些特殊的才能和足够的运气。平均需要10年左右的时间，当地人才会接受你成为他们的一员。它还要求你在那些相当顽固的人面前表现出极大的灵活性，而且在他们面前不丢脸。总之，保持迁徙或游牧的状态，在一些地方成为受欢迎的客人，往往比仅在一个地方成为永久的、不受欢迎的客人容易得多。

下一个最大的风险是被技术领域的各种有毒和放射性"礼物"毒害或辐射，这些"礼物"在消失后很长一段时间内仍将继续影响。关于辐射，一个值得记住的数字是钚-239的半衰期，它是用于制造核武器的同位素，半衰期超过了24000年。人类已经生产了1300多吨。在24000年里，地球上只剩下一半的钚；而在48000年里，这个数字只有现在的四分之一。几毫克已经是致命剂量，每吨有10亿毫克，而地球人口刚刚超过70亿。这意味着钚-239的含量远远超过足以杀死我们所有人的量，也许相当于每个人2克，但前提是我们每个人都能找到方法来获得浓缩钚。

钚-239只是其中一个例子，还有一个问题是大量的乏燃料棒被储存在数百个核电站的水池中。燃料棒在很长一段时间内保持高温，如果不使用电动循环泵循环和补充冷却水，它就会沸腾，燃料棒着火，导致氢爆炸，放射性尘埃羽流随即进入生物圈。2011年3月，日本福岛第一核电站发生核灾难时，情况就是如此。

如果一些实质性的核储备逐渐均匀分散在整个生物圈，包括海洋和地壳，经过数万年后，人们肯定会忽视这一情况。那时，还有人类存在吗？因为癌症的高发病率，几乎没有人能够长寿到可以生育下一代，而那些生育能力很强的人，生下的孩子也会因为先天缺陷无法存活。美国或北约曾用贫铀弹轰炸过的地方，我们已经开始看到这种迹象，比如塞尔维亚/科索沃、伊拉克的巴士拉和费卢杰等地。癌症和先天性缺陷的高发病率并不一定就意味着绝种，如果足够多的妇女在年轻的时候就生很多孩子，至少不会马上发生。

但是，没有证据认定，在不久的将来，有毒和放射性物质将会均匀地散布，因此当务之急是需要发现那些特别不安全的地方，以便更好地避免接触致命剂量。由于我们的感官无法感知辐射，如果没有盖革计数器，你就会被蒙住双眼。而用手工方法从头开始制造一个盖革计数器需要大量的科学知识和工程技术。有毒化学物质情况稍微好一点，如果我们能更快地适应环境，那么我们的感官就可以起一定的作用：供养植物和动物茁壮生长的水源显然不能杀害它们，然而大量的清澈透明的水可能会有毒；水面上有油膜可能表明它接近压裂油气井，井口被匆忙封住，但从那以后开始泄漏有毒和放射性的物质，而且可能还会持续数十年，应避免接触有金属味的水果、浆果和蘑菇。我们将会有很多东西需要学习，不一定是通过科学，而是通过收集趣闻轶事的证据，形成一套禁忌体系，就像我们祖先数百万年延续的生存方式一样。

诚然，这些生存场景听起来并没那么悦耳。但我们愚蠢地让技术领域为我们铺床，现在我们不得不睡在床上。是的，我们需要做出的改变是我们不乐意接受的：我们必须打破习惯，我们必须学会不买奢侈品，走出舒适区；我们必须改变我们所处的位置，学习新的技能，结交新的朋友，接受不同的文化和不同的观点，这些观点不是基于在一个成功的社会中获得成功，而是在失败的社会边缘生存。

 进港及出港

这本书绝不是有史以来第一本批判技术的书。技术已经受到了多个角度和思维方式的全面批评：从浪漫主义和美学（通常对技术不太满意）到政治学（通常被视为资本主义和/或共产主义剥削的工具），再到社会学（认为技术是社会不平等的根源）。当然也不乏对各个行业的批评，其中核电行业、化石燃料行业以及医疗行业都被列为最受欢迎的批评对象。

但这是第一本明确将技术领域定义为一种有机体和一种新兴智能的书，它奴役并正在摧毁生物圈以及我们人类。没有人试图提供一个全面的、建设性的方案来控制它，使其服务于我们，而是盲目跟随其自身的病态，最终走向灭亡。这本书也没有受到任何现有技术批判的启发，经过粗略的检查，大多数批评要么毫无用处，要么缺少解决方案，要么两者兼而有之。最后，它甚至不全是"对技术的批判"，就像一本关于园艺的书不是对"植物的批判"一样。尽管如此，提及迄今为止对技术影响最深远的两项批评，并给予它们应得的赞誉，似乎是恰当的。

雅克·埃吕尔

最接近定义技术领域的一位思想家是雅克·埃吕尔，他也是

《技术社会》(*The Technological Society*)①的作者。他在书中对工业技术进行了批判，认为它是一个包罗万象的系统，而不仅仅是一套调节人类与自然互动的工具。他的行文晦涩难懂，对一些人来说，尤其是在做英语翻译时，几乎无法理解，但对那些坚持认可他的观点的人来说，他的分析相当不错。

但是，他未能提供一条出路。这可能与他的基督教观点有关。对他而言，永恒的人类灵魂和以人类为中心的精神领域不可能仅仅被视为另一种技术。因此，他选择将技术领域视为一种社会现象，而忽视了那些灵魂在教会内部被认为无害的个人及其等待救赎的圣礼。

在我看来，有组织的宗教是卓越的社会机器，因此它们是一种技术形式（本书后面将详细介绍社会机器）。宗教在很多方面类似于其他社会机器，例如公司和政府机构，它们有自己的法律法规、官僚机构和严格遵守的机制。与其他社会机器一样，它们努力限制个人行为的范围。但又与其他社会机器不同，它们宣称自己超越了自然法则。它们要求信徒停止对戏剧性的不可能或无形的事物的怀疑，但随后它们又将此类戏剧性延伸到生死攸关的问题上。我认为埃吕尔无法将有组织的宗教视为一种技术形式，这是一个巨大的盲点。我怀疑正是这一点解释了他为何无法从分析转向应用。他悲观地承认："对我来说，不可能去探讨个人领域。"显然，我们被期望应该顺从这个世界的技术领域，等待我们在下

---

① JACQUES ELLUL. The Technological Society[M].WILKINSON J,trans. New York：Vintage/Alfred A. Knopf, 1964.

一个名义上的救赎。

但是，埃吕尔确实非常接近地定义了技术领域，这是一项重大成就。但令人惊讶的是，他的思想在后来技术评论家的作品中几乎没有产生共鸣。许多其他作家确实提到了他，他们甚至还可能翻阅了他的论文，但显然他们无法完全理解他的发现，而是专注于那些对他们来说似乎不太正确的技术元素并对此进行批评。也许这与埃吕尔的术语选择有关，又或者这些术语漏译了一些内容。对他来说，技术领域只是单一技术，或者有时候也叫多种技术，他不顾一切地运用了这些术语。技术领域不仅仅是一项工艺或技术。与单一技术不同的是，它并不是智能的或者形而上学的构造，它由混凝土、钢、平板玻璃、荧光天花板灯和合成地毯构成，就像生物圈由植物和动物、土壤、空气和水构成一样。

抛开奇思妙想，技术领域不是形而上学的构造，而是一种物理现象。我记得有一次，它开始与我共存。当时我正沿着海岸驶向波士顿港。那几天除了空旷的地平线和几只海鸟陪伴我，其他什么也没有。我感觉我与自然融合在了一起，当我再一次接触非自然环境时，我感觉自己很容易受到伤害。首先，我漂浮在直径24英尺（1英尺=0.3048米）的排水隧道上，这条隧道将鹿岛污水处理厂处理过的污水在100英尺深的地方排入马萨诸塞湾。然后，我缓慢驶入洛根国际机场的跨大西洋进近航道，这里每一架喷气式飞机都向我喷射出一股乌黑的烟浪，散发着未燃尽的煤油味。最后，波士顿天际线的断齿轮廓映入眼帘，天空还漂浮着层层雾霾。你不需要敏锐的智力才能发现技术领域的存在，你的视觉、听觉，尤其是嗅觉已经足够了。

对我来说，知识化并不如亲身体验好，但它可以给人留下相当深刻的印象。下面是埃吕尔的《技术社会》中的一些我认为较为重要的段落，在这些段落里，他的用词有时会被我的取代。但我认为我的用词不会以任何重要的方式改变他的意思。在我看来，他已经很接近我所想要表达的意思了。

[技术领域]只能是极权主义。它只有吸收大量的现象，最大限度地发挥数据的作用，才能真正实现高效和科学。为了协调和综合开发，[技术领域]必须使各个领域的人们都受其影响。但[技术领域]在每个领域存在就会导致垄断。

人们在接触了[技术领域]后，受其影响，逐渐失去了他们原本已经建立好的社会和社区意识框架。随着责任感的减弱、功能自主性和社会自发性的缺失以及技术与人类环境之间缺乏联系等，这一事实显然是毋庸置疑的。

[技术领域]已经在没准备堆肥的地方堆起了肥。今天，它拥有足够的力量和效率来获得成功。不久之后，它将在任何地方产生清晰的技术意识，这是其创造中最容易实现的，并且人们愿意融入其中。[技术领域]一开始创造的世界，除了是对它有利的之外，不可能是别的。尽管所有的人都是善意的人，是乐观主义者，是历史的践行者，但世界的文明却被钢带束缚着。我们西方人在19世纪就熟悉了这铁一般的约束。现在[技术领域]正根据需要对其进行机械性的复制。什么力量可以阻止

[技术领域]这样发展下去，或让它变得不一样？（原著 125～127 页）

埃吕尔认为技术领域对人类行为的影响称之为"技术化的影响"，他是很有针对性地提出来的。在这里，他不断使用"单一技术"这个术语，这个术语不怎么需要语义强化，因为很难将技术视为"极权主义"，这更像是"使用"该技术系统的属性，但他似乎真正想表达的词是"技术"。

[技术]是我们这个时代的关注热点。在每个领域，人们都在寻求最高效的方法。

1. 经济[技术]几乎完全从属于生产，其范围从劳动组织到经济规划。这种[技术]在对象和目标上与其他技术不同。但它的问题与所有其他[技术]的问题相同。

2. 组织的[技术]涉及大众，不仅适用于大规模的商业或工业事务（因此，在经济的管辖范围内），也适用于国家、行政和治安权。这种组织[技术]也适用于战争，并确保军队的力量至少与其武器一样多。法律领域的一切也取决于组织[技术]

3. 人类[技术]采取各种形式，从医学和遗传学到宣传，如教育[技术]、职业指导、公共宣传等。在这里，人们自身沦为了[技术]。（原著 20～22 页）

最后，埃吕尔对技术领域的失控模式和破坏性方面相当有先见之明（原著出版于 1954 年）。他意识到，技术领域超越了道德和良知。它不受任何人的控制，它宣称自己的特权，并通过歪曲人类价值观来追求自己的目标。人类的利益和担忧完全是其追求统治地位的附加条件，仅仅被用作激励人类为之服务的工具。

事实上，现代社会是基于纯粹的技术考虑而进行的。但是当人们发现自己与人为因素背道而驰时，他们又以一种荒谬的方式重新引入了各种与人权、国际联盟、自由、正义等相关的道德理论。当这些道德风潮极度地阻碍了技术的进步时，人们便会下定决心或多或少地通过仪式将它们迅速抛弃。这就是我们今天所处的状态。

今天的技术进步不再受其自身效率计算以外的任何因素的制约。研究工作不再是个人的、实验性的、熟练的，而是抽象的、数学的和工业的。这并不意味着个人不再参与其中。相反，只有在无数次个人实验之后才能取得进展。但是，个人的参与程度取决于他对追求效率的服从程度，取决于他对所有认为是次要的潮流的抵制程度，如美学、伦理、想象力。只要个人表现出这种抽象的趋势，他就可以参与技术创作，这种技术创作越来越独立，并越来越多地与自己的数学定律联系在一起。

（原著74页）

……在我们的文明中［技术］绝不受限。它已经扩展到包括人类活动在内的所有领域。它导致了手段的无限制地增加，它无限期地完善了人类可以使用的工具，并将各种中介和辅助工具提供给人类使用。［技术领域］一直在延伸并涵盖了整个地球。它的发展速度之快，不仅令街头的人感到不安，而且也让技术人员自己感到不适。它带来的问题在人类社会群体中层出不穷，并且越来越严重。此外，［技术］已经变得客观，并且像物质一样传播，从而导致了一定程度的文明统一，无论它处在怎样的环境和国家中。（原著78页）

现代人对［技术］如此热衷，对其优越性深信不疑，沉浸在技术环境中，他们都无一例外地以技术进步为导向，他们都致力于此，在每个职业或行业中，每个人都寻求引入技术改进。本质上，［技术］进步是这些人共同努力的结果，技术进步和人类共同努力是一回事。（原著85页）

人们感到很无助，他们一生中最重要和最琐碎的事务，其实都已经被一种不受他们控制的力量所摆布。毫无疑问，今天，人们喝的牛奶或吃的面包都受到控制。
（原著107页）

我开始写这本书后，就开始在技术批评家里寻找和我想法相契合的先驱，而就在这时我发现了埃吕尔。在这么多年里，我很惊讶能找到这么一位志趣相投的人。我也很惊讶，那些追随他的人不仅未能继承他的思想，而且根本没有取得多大进步。许多聪明人都付出了努力，但他们似乎都缺乏统一的想法，就像盲人摸象，没有意识到它是一头大象，我把这头大象称之为"技术领域"。

泰德·卡辛斯基

2013 年，阿尔伯特·贝茨在宾夕法尼亚州阿特马斯的四区跨宗教圣地举行的第三届极限年会上所作的演讲，让我学习到了另一种志同道合的精神。他的演讲是关于泰德·卡辛斯基的，联邦调查局称他为"大学和航空炸弹袭击者"。大多数听说过卡辛斯基的人都认为他是一位偏执型精神分裂恐怖分子，这和媒体对他的描述一样。贝茨在会上给我们讲的故事与这种片面、肤浅的说法形成鲜明对比。我从阿尔伯特的博客中摘录了以下引文。

卡辛斯基在芝加哥出生长大。15 岁时被哈佛大学录取。1967 年，也就是他 25 岁时，他获得了密歇根大学的数学博士学位，并成为 [加州大学] 伯克利分校的助理教授。[他] 是一个非凡的天才，16 岁的时候，当他还是哈佛大学的神童本科生时，就被秘密地作为 MKULTRA 精神控制实验的研究对象，这极大地改变了他的人格尊严。他是冷战的牺牲品。在测试过程中，自愿参加该项目的天才学生被带进一个房间，连接电极，电极会在他们面对强光和单向镜时监测他们的生理反应。然后他们残酷地面对内心的恶魔，经过数月的筛选和测试后，他们会给审问者提供信息，迷幻药或其他药物也可能起了作用。这种可怕的经历不仅发生在泰德·卡辛斯基身上，而且发生在所有的研究对象身上，这都使他们对神秘的安全国家产生了持久的敌意……

密歇根的学生都说他是一位优秀的导师，但是与伯克利的报道恰恰相反。那时他的目标不是教书，而是存钱后在蒙大拿州找一个小屋……后来卡辛斯基自己建造了小屋，经济也不算宽裕，没有电、电话和自来水。他学习了追踪和食用植物鉴定，获得了原始技能。最终驱使他开始研究炸弹的是，当他出去散步时，发现他最喜欢的一个地方被摧毁，取而代之的是一条森林服务公路。于是，他不再研究自然，而是开始研究制造炸弹。

卡辛斯基说："在我看来，我认为没有任何控制或计划的方式可以摧毁工业体系。我认为，我们摆脱它的唯一方法就是让它垮掉。"

从1978年到1995年，卡辛斯基在大学和航空公司放置了16枚炸弹，造成3人死亡，23人受伤。卡辛斯基正在科罗拉多州佛罗伦萨的超级麦克斯监狱服刑，不得假释。他是一位思想活跃的作家，目前，他的作品被保存在密歇根大学专业馆藏图书馆，这些作品在2049年前都不得发表。他在蒙大拿的小木屋，一块一块地由船运输到华盛顿的新闻博物馆展出。2012年5月24日，卡辛斯基向哈佛大学校友会提交了他的最新校友信息，他将自己的8个终身监禁列为成就。

毫无疑问，卡辛斯基才华横溢，主要是受到个人经历的影响。在迷幻药的影响下，不断遭受精神折磨，这让他明白了一个别人看不到的事实。他是技术领域最糟糕的那部分受害者。这种技术试图瓦解他们身上的所有人性，并完全操控他们，就好像他们是机器人一样。我敢肯定，他瞥见了技术领域的本质：一个单一的、统一的、全球性的、控制性的、不断增长的、破坏性的实体。它超越了人类理性或道德，我们必须不惜一切代价对其加以制止。

尽管他被认定是暴力罪犯，但他最终导致的死亡人数为 3 人，受伤人数为 23 人，这个数据与日益增长的战争死伤率相比简直微不足道。例如，任何一位美国总统在他们所选择的各种战争中，造成了数十万人死亡，数百万人受伤。然而，他们中没有一人被判犯有谋杀罪，因为他们可以说只是在做自己的工作，杀害和致残许多人（委婉地说，这些人被称为"附带损害"）大概就是这项工作的一部分，那些执行杀人命令的人也没有受到任何形式的审判。卡辛斯基违反了真正的第一条戒律："除非接到命令，否则你不能杀人。"但是，如果他认为自己适合发号施令，下令杀人只是他工作的一部分，这个非常重要的工作是将人们的目光聚焦到技术领域，并且最终目标是摧毁它，那又会怎样呢？如果强者的道德不过是在失败者中获得一席之地，那会怎样呢？如果如尼采所说"道德是个体心中的群体本能"[①] 会怎么样呢？

在被称作"智能炸弹客宣言"的《工业社会和未来》（*Industral Society and Its Future*，1995）一书中，卡辛斯基写到：

> 因此，我们主张一场反对工业制度的革命。这场革命可能使用暴力，也可能不使用；它可能是突发的，也

---

① 尼采. 尼采：欢悦的智慧 [M]. 崔崇实，译. 北京：中国画报出版社，2012.

可能是一个跨越几十年才会循序渐进形成的。对此我们
无法预测。

为了在公众面前传达我们的这些信息，并留下深刻
的印象，我们不得不杀人。

但首先，卡辛斯基平静地做了他所能做的一切。他脱离了主
流社会，在荒野中建造了一座小屋，并按照自己的原则生活在那
里。如果每个人都像泰德那样生活，我就没有技术领域可以写了。
但后来，林业局侵犯了他的栖息地，毁坏了其中的一部分，这迫
使他采取行动。他所采取的行动具有象征意义，炸弹制造是手工
操作而不是工业操作。他的炸弹是传递智力信息的一种动态方式。
在这一点上，他成功了。他的宣言被指定在大学教室里阅读，他
的故事也在这本书重述。

卡辛斯基回应了埃吕尔的说法，即"［技术领域］只能是
极权主义。"但他进一步解释了为什么技术领域的特权和帮助人
类没有关系，而是与永远利用人类机器本身有关，从而损害人类
自身。

……一个"自由"的人本质上是社会机器的一个组
成部分，只有一种规定和限定的自由，这种自由旨在服
务于社会机器而不是个人需要。

这个系统没有也不可能为了满足人类的需要而存
在。相反，必须改变人类行为以适应系统的需要。这与
政治或社会意识形态无关，它们可能在误导技术体系。
这不是资本主义的错，也不是社会主义的错。这是技术
的问题，因为这个系统不是由意识形态引导的，而是由

技术的必要性引导的。

需要更多的技术人员吗？人们齐声劝诫孩子们学习科学。没有人会停下来问，强迫青少年把大部分时间花在学习他们讨厌的科目上是否人道。当熟练工人因为技术进步而失业，不得不接受"再培训"时，没有人会问，他们被这样安排是不是一种耻辱。每个人都必须屈从于技术的需要，这是理所当然的。

……所有这些技术进步加在一起，创造了一个这样的世界。即普通人的命运不再掌握在他自己或他的邻居和朋友手中，而是掌握在政客、企业高管以及遥远的、默默无闻的技术人员和官僚的手中，而他们作为个人没有任何影响力。

一旦一项技术创新被引入，人们通常会变得依赖它，直到再也离不开它，除非它被一些更先进的创新所取代。不仅人们作为个体会对一项新技术产生依赖，而且整个系统也会对它产生依赖。

那些想要保护自由的人被大量的新的攻击和它们发展的速度所压倒，因此他们变得冷漠，不再抵抗。单独应对每一种威胁都是徒劳的，只有与整个技术体系作斗争才能取得成功。但这是一场革命，而不是改革。

"革命，而不是改革。"但是谁会是它的革命者呢？目前看来，似乎只有一个革命者，卡辛斯基本人。但由于他恰好是最高安全监狱的永久居民，即使是他的最新作品到遥遥无期的未来也不能发表，所以他无法推动这一进程。一项宣言，无论多么高深与响亮，都不会带来一场革命，革命需要一些革命者来进行。

能不能把革命的任务交给现有的政治派别呢？卡辛斯基对自由主义"左派"的批评相当严厉。

> 当我们在本文中提到"左派"时，我们主要想到的是社会主义者、集体主义者、"政治上正确"的类型、女权主义者、同性恋和残疾人活动家、动物维权倡导者等。

> 现代"左派"的两种心理倾向，我们称之为"自卑感"和"过度社会化"。

> 我们社会的道德准则要求如此之高，以至于没有人能够完全按照道德的方式思考、感受和行动。例如，我们不应该憎恨任何人，但是几乎每个人都会在某个时候恨某个人，不管他承认与否。有些人的社会化程度很高，以至于他们在道德上思考、感受和行动的尝试给他们带来了沉重的负担。为了避免内疚，他们必须不断地违背自己的动机，为现实中非道德根源的想法和行为寻找道德解释。我们用"过度社会化"来形容这样的人。

> 过度社会化会导致自卑感、无力感、挫败感、内疚感等。让孩子变得社会化的重要手段之一是让他们对于违背社会期望的行为或言论感到羞耻。

> ……过度社会化是人类对彼此施加的更严重的残酷行为之一。

> 政治上正确的捍卫者（大多是中上阶层的白人异性恋者）认同那些他们认为弱势或低人一等的群体，同时

否认（甚至对自己）自己也是这样的人。

在"左派问题"中，卡辛斯基认为包括"种族平等、性别平等、扶助穷人、和平而非战争、普遍而非暴力、言论自由、善待动物"。请注意，"在技术领域毁灭我们之前摧毁它"不在这个清单中。

对自由主义者来说就这么多了。至于保守党，他只用了一句尖酸刻薄的评语：

> 保守派是蠢货：他们抱怨传统价值观的衰落，但他们却热情地支持技术进步和经济增长。显然，他们从来没有想过，社会的技术和经济在发生迅速、剧烈的变化，这必然要引起社会其他方面的迅速变化，而这种迅速的变化又会不可避免地打破传统价值观。

尽管卡辛斯基没有明确指出这一点，但却明显暗示在资产阶级民主的政治谱系中，没有人能够领导这场运动，去推翻技术领域在全球的主导地位。随着他身陷囹圄，革命变革的前景似乎变得黯淡无光。

但他确实提供了一些线索，说明了这样一场运动的核心内容，他的建议言简意赅。我们必须关注人类的需求——我们的需求，那些技术领域无法满足的需求。在满足这些需求方面，我们可以轻而易举地超过技术领域，因为我们可以在不损害自身的情况下提供技术领域无法提供的东西，即自治、自给自足和自由。

> ……大多数人都需要或多或少的自主权来实现他们的目标。他们必须自觉努力，按照自己既定的方向进行。然而，大多数人并不需要依靠个体力量来发挥这种主动性、方向性和控制力。通常成为一个小团体中的一

员就足够了。

被剥夺自主性会导致权力丧失，其症状是"失望、意志消沉、自卑、压抑、挫败、抑郁、焦虑、内疚、沮丧、敌意、虐待配偶或孩子、贪得无厌的享乐主义、异常性行为、睡眠障碍、饮食失衡等"，但这种权力丧失是必不可少的，因为：

> ……一个技术社会要想高效运转，就必须削弱家庭纽带和当地社区的影响力。在现代社会中，个人对制度的忠诚必须是第一位的，其次才是对小规模社区的忠诚。因为如果小规模社区的内部忠诚强于对制度的忠诚，那么这些社区就会以牺牲制度为代价来追求自身的利益。

> 无论是作为个人还是作为一个小集体的一员，自由意味着控制关乎一个人生死攸关的问题：食物、衣服、住所，以及抵御居住环境中可能存在的威胁。自由意味着拥有权力，不是控制他人的权力，而是控制自己生活环境的权力。

> 我们提出的积极理想是回归自然状态。也就是说，野生性自然：地球及其生物的运转不受人类管理，不受人类干预和控制。野生性自然也包括人性，我们指的是人类个体功能，它们不受社会组织规范，而是成为机遇、自由意志或上帝（取决于你的宗教或哲学观点）的产物。

> 小规模技术是小型社区在没有外部援助的情况下可以使用的技术。组织依赖技术需要依赖大规模社会组织。我们注意到小规模技术中没有出现重大倒退的情况。但是当依赖于社会的组织崩塌时，依赖于组织的技术确

实会倒退。

这里有一个解决方案的雏形：寻求一种策略，利用不依赖于组织、不倒退的小规模技术，建立小型自治社区。通过这种方式，我们会使依靠劳动力和资源的技术领域难以存活，依赖型组织技术就会面临倒退。技术领域控制力削弱，使文化和经济生活变得高度本土化，深深扎根于周围的生物圈，并充分投资生态健康。这种策略需要一种意识形态来构建，而本书正是努力发展这种意识形态的一部分，这也正是卡辛斯基所呼吁的：

> 必须发展和宣传反对技术和工业制度的思想。当技术领域系统被充分削弱时，这种意识形态可以成为反对工业社会的革命的基础。这种意识形态可以确保：一旦工业社会崩塌，其残余将被粉碎得无法修复，从而无法重建这个制度。

卡辛斯基明确表示，即使这个项目一切顺利，也不可避免地会带来很多死亡和痛苦：

> 如果是突然崩塌，许多人将会死亡，因为世界人口已经过度膨胀，如果缺乏先进技术，它甚至无法养活自己。即使崩塌是渐进的，使人口减少更多地是通过降低出生率而不是通过提高死亡率来实现的，去工业化的进程也很可能是非常混乱和痛苦的。

那么，还有其他选择吗？而且，老是谈这个问题又有什么意义呢？如果讨论它会夸大我们的责任意识，那么我们就不得不接受这种责任意识，而不是增强控制这件事情的能力，因为控制事情的是技术领域，而不是我们。没有控制的责任会导致压力。但是谁需要额外的压力呢？在危害／利益分析中，这种思维方式是有害的（因为它会导致压力），没有任何好处，因为我们没有理由希望通过这种思维方式实现什么。因此，在各种我们不应该做的事情中，它被排在清单的最底端，不值得我们去考虑。

具有讽刺意味的是，卡辛斯基竟然表现出这样的顾忌，因为他选择通过杀人致残让这个问题引起全世界关注。也许他根本就不是一个革命者；如果他是一个真正的革命者，作为战地指挥官他只会惊呼，"会的，会的！"让人类的筹码掉到任何地方。但是如果我们也有这样的顾虑，然后，按照卡辛斯基的逻辑，我们不得不考虑我们是属于哪一类愚蠢之人：自由的伪君子，这类人假装内疚，这使他们假装关心那些他们在私底下认为低人一等的人；保守的傻瓜，他们继续相信进步，即便它摧毁了他们一直想要保存的一切。也许我们应该把那些我们永远无法控制的错误的罪恶感放在一边，培养一种健康的罪恶感，而不是我们自己无所作为。尽管卡辛斯基的方法不完善，他还是做了些什么。我也写了这本书。你做了什么呢？

 危害／利益分析

我们现在准备确定一项重要战略，即将技术领域缩小到一定规模，使其丧失增长、控制、支配和最终摧毁生物圈的能力。但是，没有任何技术的生活是不可能的，正如我所解释的，人类以及我们之前的原始人类祖先，已经作了将近 300 万年的工具制造者和工具使用者。另外，与技术领域共存，尽管它消耗和破坏了与我们共存的生物圈，但我们也不可能完全离开它。因此，必须找到第三种方法，一种允许我们选择我们希望保留的特定技术，同时拒绝其他技术的方法。必须找到一种能够减少技术复杂性的方法，即减少我们允许在环境中使用的技术元素的数量；同时增加生物复杂性，即增加我们在生物圈的局部区域内培育和支持的其他物种的数量。

遵循这种方法应该会给你和家人带来好的（至少说是更好的）结果。它会如何影响人类的其他方面，这是难以想象的，就像从来没有人提名你或我为世界领袖。中国有句古话：各人自扫门前雪，休管他人瓦上霜。但是如果有足够多的人看到自己遵循这一策略时的个人优势，并付诸实施，技术领域对我们的控制就会减弱，而我们对它的控制则会加强。随着时间的推移，我们将缩小技术领域，使其不再构成太大威胁，它将不再控制我们，相反，我们会去控制它，仅仅为了一个目的，让它给我们提供工具，帮助我们在自然中自给自足，自由生存，而避免被过度组织化或受技术复杂性的影响。

正如前文所说，泰德·卡辛斯基认为，我们要摒弃那些将我们束缚在技术领域中的依赖于组织的技术，而培养与组织无关的技术。说起来容易做起来难，这意味着要清除掉供人类生存的东西。这意味着要生存在没有电的环境下，甚至连使用普通电池、光伏电池以及小型风力发电机的离网系统都没有，因为必要组件的供应链横跨整个地球；这意味着要在没有自来水的情况下生存，因为泵、管道和阀门都是制成品；这意味着要在没有任何电子产品的情况下生存，因为电子行业是全球一体化的。没有网络，没有疫苗接种，没有口腔美容，没有眼镜，没有抗生素和止痛药……没有什么东西是批量生产的……这意味着要使用原始工具在陆地上生活，你可以在一个原始的铁匠铺里使用打捞的金属。没错，这是可能实现的，即使在今天，也有一些人以这样的方式生活着。但很少有人会接受这样的方式！

很抱歉，泰德！但我们需要一个更好的衡量标准来作为我们决策的依据，而不仅仅是将技术分为依赖于组织或独立于组织的两个极端，从而剥夺我们享有的依赖于组织的技术。那么，我们如何做到这一点？定义一个合理的完整技术优劣表，然后选择采用一种可以最大限度地提高效益同时把危害降低到最小的技术。至少，它会给我们所有人一个新的开始，就最乐观的一面来看，它会将技术领域缩小到不再构成危险的程度。

计算危害和利益之比

不同于上述的极端方法，这是一种完美的、建设性的方案，但我相信它也可以达到相同的结果，尽管会稍慢一些。你可以看到，危害和利益之比的分析是最大限度地提高技术对我们的利益，同时最大限度地降低技术对我们的伤害——而非对技术领域。我猜想，基于我们所认定的技术或好或坏的方面，我们可以构建这个过程，从而让我们或多或少去自觉地遏制技术领域。

表 4-1 中显示的是技术的 32 个方面，没有特别的顺序，而每一个方面，都在有害和有益之间实现其某种价值。

表 4-1　有害 / 有益清单

序号	有害的	有益的
1	有毒的 / 放射性的	无生命的 / 可生物降解的 / 可食用的
2	一次性的	可持续的
3	强制性的	可选择的
4	有限的使用寿命	无限的使用寿命
5	助长依赖性	促进自主性
6	标准化的	定制的
7	昂贵的	免费的
8	即将过时的	永恒的
9	单一功能	多用途
10	资源损耗	资源保护
11	人造的	天然的
12	合成的	有机的
13	工业的	手工的
14	限制选择	开辟可能
15	跨国的	本土的
16	依靠专家	依靠通才
17	可分类的	不可分类的

续表

序号	有害的	有益的
18	透明的	模糊的 / 不透明的①
19	个体使用	团体使用
20	全新的	可重复使用的
21	消费者级别	商业 / 军事级别
22	零售	批发
23	包装商品	散装货
24	不常使用的	经常使用的
25	联网的	独立的 / 对等的
26	外部发动	无动力的 / 自供的
27	自动的	手动的
28	有商标的	无商标的
29	专利	开放资源
30	有执照的 / 注册的	匿名的
31	依靠能源	依靠技巧
32	个人努力	团队努力

要分析一项特定的技术，就每一个方面确定该技术的利弊，并为危害 h 或利益 b②打一分。确定每一栏的危害/利益比（HBR），再计算出总利益（$H=\Sigma h$）与总危害（$B=\Sigma b$）之比。

$$HBR = \frac{H}{B} = \frac{\sum h}{\sum b}$$

但是请注意，表 4-1 列出的技术的 32 个方面并没有什么神

---

① 这似乎有些倒退，但事实并非如此。在许多情况下，透明度会招致外界的利用，而模棱两可和不透明则需要当地的知识和主观判断。
② 有些地方，也可以进行更精细的分析。比如，在 1 到 10 的范围内对每个 h 和 b 进行排序。

奇之处，你可以进行修改或者自己创建一个。这只是一个评估技术利弊的方法，但是有一点需要记住：所谓有益的事物是指，在你生存的环境中，无论是人文环境还是自然环境，都对你有益，让你自主、自给自足和自由的东西；而所谓有害的事物是指，那些破坏自然环境，剥夺你的自主、自给自足和自由，迫使你放弃对集体、偏远、非人类实体的控制的东西。

将每种技术的有害和有益特征列成一个平面表格清单，这种方法也存在一些局限，因为许多技术是相互依赖的，可能会存在更复杂的内部结构。如果我们拥有其他某些可替代技术，有些技术我们是可以忽略的；而如果我们废除掉某些技术，这些技术我们也是可以忽略的。当然，还有一些技术是我们不能忽略的，我们应当特别注意。

"反技术"技术

有些技术行为是相互对立的，其中的一个技术可以用来抵消另一个：进攻性武器对防御性武器；执法技术对违抗和击败法令的技术；执行知识产权的技术对允许忽略知识产权的技术；债务托收技术对拒绝偿还债务的技术；起诉非法入侵者和擅自占用房屋土地者的技术对避免被发现和起诉，或用于通过非法占有来控制财产的技术；客观辨别人类、动物和物体以控制它们的技术对人类、动物和物体不可分类、不可识别、不可检测和匿名的技术；用理性主义者、还原论者、唯物主义者的方式引导公共话语的技术对群体中私下交流，靠主观、直觉和迷惑的方式去否认这些人为之努力的技术。

当谈到这种对技术的否定时，仅从它们各自的危害／利益分析的角度来审视它们是不够的。相反，我们应该将它们对否定技术所造成的损害当成一种利益。给定一个技术 T 和一个"反技术"t，t 对 T 造成的损害会增加 t 的利益：

$$\text{HBR}_t = \frac{H_t}{B_t + H_T}$$

相对于否定的技术而言，最好的"反技术"具有巨大的成本优势。举一个现代社会的例子，戴在帽子上的红外线发光二极管，肉眼看不见，用几美元可以买到的寻常组件组装起来，就能让价值几千美元的视频监控系统失灵。还有火花隙发生器，廉价又简单，也能让先进的无线电通信系统罢工。

电子战设备等"反技术"，制作不算粗糙，但是具有显著的成本效益。一盒俄罗斯电子设备就可以远程关闭一艘美国驱逐舰或者航空母舰。据报道，正如黑海事件所证明的那样，当乌克兰局势动荡后，俄罗斯人巩固了其保留克里米亚港口的权利。一个 U 盘，运用得当可用于攻破价值数十亿美元的网络安全系统的防御，这就是"蠕虫病毒"能够破坏大量伊朗用于铀浓缩的离心机的原因。

而最差的"反技术"几乎名不符实，只是优于它们所替代的技术，但仍不够好。例如，用风力发电机和光伏板取代核电。虽然光伏板取代核电被吹捧为"可再生"或"环境安全"的技术，但对这一技术的制造和维护，以及它们所延续的工业化生活方式，都绝非易事。经过充分彻底的核算可能表明，它们只不过是试图利用批量生产的快速消耗且不可再生的自然资源来重新分配风能和太阳能。一项效益更高、危害更小的核"反技术"将大大减少电力的使用。

强制性技术

世界上经济发达的工业化地区，典型的现代生活方式使得某些技术成为必需，它们像"脐带"一样把你和技术领域绑在一起，一旦切断了它，你的生命也会随之受到危害。这些令技术领域几乎完全控制你的生活，还会最大限度地对你的自主性、自给自足和自由产生负面影响。

在讨论之前，我们需要进行重点区分。技术领域的表现形式有两种：制成品和流动品。制成品是制造加工出来的产品，有不同的耐用性、可维护性和使用寿命。流动品是指水、电、天然气、污水、由电缆传输的电子信息、食品、汽油、柴油、燃料油、一次性产品和定期服务。至关重要的是，所有的流动品都需要资金流转。

制成品可能会使人被奴役（电视机就是受这种奴役的典型

例子），但它们也可能使人得到解放（鱼竿、鱼线和鱼饵可以使你不用再去买鱼）。它们的使用寿命可能很长，制作精良的木柄手工工具通常是由父亲传给儿子的。有些工具，如果好好维护，可以使用好几个世纪，可以用来建造房屋和制作家具，也可以用于自己日常的维护。它们可以从工业打捞回收中用手工方法生产出来，这些原料在地质时期仍很丰富，特别是钢铁。无论最初的用途是什么，它们都能够重新利用。它们可以用礼物进行交换或者是以物易物。它们可以定制也可以微调，以方便你的使用，同时与文化和环境融合。最重要的是，你可以决定是否使用。

流动品和制成品完全不一样。它们的使用寿命短，只有在有关物质流动和资金流转的时候才会持续。它们不能通过工业回收的手工方法来生产，必须用额外花费保持更新。它们不能被重新利用，而且通常也不能即兴发挥。流动品偶尔也可以用礼物进行交换或者以物易物，但是这并不会消除大家对它的消费需求。流动品不能被定制和调整去适应环境或文化，因为它们是根据国家或国际标准大规模生产的。除了使用它，你别无选择，还要不断地消费。

这些流动品被称为"网格"，通常是指以交流电的形式来远距离分配电力的电网，但该术语也被扩展应用到其他技术领域的服务，如水、煤气管道和有线电视。它还可以进一步用于描述生活方式，即"离网生活方式"，这种方式通常被吹捧为一种个人美德。但是，无论任何形式的"离网生活方式"，都并不一定会消除对某些流动品的依赖。具体而言，那些选择离网生活方式的人往往非常依赖某种高价位的一次性产品（比如汽车），还有特定的流动品（比如汽油），此外，还有一些必须的后续服务（如车辆与道路维修）。汽车让他们可以利用许多其他的流动品，从丙烷到零部件，再到处方药和卫生用品。如果没有这些，他们将无法长时间进行离网生存，而这一切都需要资金。

离网生活方式存在一个更大的问题：给它取的这个名字会让它成为技术领域的靶心，注定会被摧毁。从各地政府到联邦政府的各个机构都开始行动起来推行地方法令和联邦法规，使得离网生活变得困难甚至非法。随后，这些离网生活的狂热分子发起了政治抗议活动，试图推翻这些决定，他们不明白自己的真正目的只是传递出了一种信息，而当试图进行斗争时，他们表现得像个傻瓜，只是放大了这些信息。他们选择的斗争计划是注定会失败的，即个人与技术领域的较量。可能他们做出这样错误的决策是因为他们不了解自己的竞争对手，幸好他们还可以通过阅读这本书了解到自己的敌人。而且他们会发现，控制自己的生活，远离技术领域，谨慎和不声张即是大勇。

从另一个层面广泛地来说，"网格"在任何地方都是强制性的。通常情况下，只有在某些偏远的农村地区，才有可能离网生活，在城市、乡镇和其他楼房林立的环境里，几乎是不可能的。如果你试图断开水管或电网的话，当地政府可能会没收你的房屋，并以生活条件不达标为由带走你的孩子，剥夺你的监护权。通常情况下，他们一点儿都不关心网格化生活造成的和未能预防的危害。实际上，他们只会对你理论上可能造成的伤害感到不安，或者更确切地说，他们是假装感到不安，以便对你施加更多的控制。

个人标准

从某种意义上讲，流动品都是强制性的，无论它们是否来自网格，如果没有水、食物、烹饪的条件、照明、与人们交流的方式以及一些常规和紧急医疗保健，人类根本无法生存。不过，现在另一种形式的标准要发挥作用了，它不是官方强加的标准，而是你的个人标准。你觉得自己需要多久洗一次澡，你赖以生存的食物能有多简单，你可以忍受多么昏暗的灯光，你多久和别人交流一次，你旅行的地方有多近，你要如何避免去看医生和专家。

回想一下，技术领域的目标之一是尽可能地培养你对其的依赖性，这样一来，技术领域就能够让你屈从于它。

第一，每个人都习惯了每天冲个热水澡，北美人均每天消耗65.1升的水，这是必不可少的，而这个水量是生存者平均所需水量的20倍（每天3升）。

第二，我们习惯的室内照明相当于燃烧了数百支蜡烛，而一支蜡烛就足以缝补衣服或看书了。

第三，没有抽水马桶会让我们感到恐惧，而户外厕所和便盆在数世纪以来都被认为是非常正常的。

第四，冬天的时候，我们可以从世界各地收获新鲜水果和季节性蔬菜，还能得到多样的食物，而不仅限于用一点主食和存粮来招待客人。

第五，如今，尽管我们已经很容易适应发邮件、离线阅读电子文件以及每周几次的批量访问互联网，但我们还是习惯不断地访问互联网。

第六，很多人无法想象没有私家车的生活，甚至也无法想象没有家庭车队（家里的每个成年人都有一辆汽车），这常常被认为是一种无法接受的牺牲。

第七，一次性卫生用品是个变化无常的话题，卫生纸、一次性尿布、卫生巾和卫生棉条的短缺很容易引起社会的混乱。然而，千百万年来，没有这些东西，我们还是可以生存下来。但今天，仍有数十亿的人生活在没有这些东西的情形下。

第八，当我们年老生病时，我们的最后一念头就是静静躺下，和所有人告别，然后安详离开。但现在，我们需要最新的高科技为我们治疗，坚持多活几个月或是几年，即使这意味着高额的治疗费用会耗尽我们留给孩子的遗产，或是让他们负债累累。最后我们不得不承认，即使表面已经相对平静，死亡仍旧是痛苦的，因此我们都想要没有痛苦地死去。

我们常常问自己是否要与这些标准妥协。但是，如果你拒绝让步，你就得在更为重要的事情上让步了——自主、自给自足，特别是自由。你将会一直屈从于技术领域，直到它难以为继，然后你将一无所有。因此，这是你的选择，也是很艰难的选择。但是只要你仔细选择技术，就会有一些技巧让这个选择循序渐进。在下一章，我们会探讨这些技巧的简易性、永恒性和自然性。但在此之前，让我们先深入研究一下究竟是什么让我们无法探索这些选择。

强大的技术与弱小的人类

无论我们使用哪种技术，几乎都会产生一种普遍的结果：只要我们能够使用它，它就会帮助我们变得更强大、更有能力；一旦我们失去它，我们就会变得更弱小、更无能。这就意味着，大多数技术，特别是先进的工业技术，都是一种浮士德式的交易：在接受它的过程中，我们用当下的力量换取了最终的无能为力。

这种趋势很早以前就开始了。举一个很贴切的例子，比如你的手，看到你指甲上的脆弱角质裂片了吗？它们以前是爪子，不仅能挖土也能从骨头上撕肉。但是，一旦我们的祖先学会了磨尖石头，并开始使用这些新工具来挖可食用树根、对抗动物和其他用途时，我们手指进化的机会就逐渐降低直至消失，最终我们长出了指甲，它们只能用于拾取东西，还要时不时地修剪以免断裂。

再举一个例子，你是否试过吃生食？除非你非常小心地选择食物，否则你很可能会食物中毒，最终导致体重不足和贫血。原因很明显，自从我们的祖先发现了如何使用火来烹饪食物，从而对其进行杀菌并使其更容易消化之后，我们的消化道就会进化（还是退化？）到只能消化熟食。如今我们依赖于烹煮，取火烹煮也被延续了下来，即使它们会导致森林被砍伐，随之而来的是水土流失，这会影响我们种植粮食的能力，以及空气污染吸入烟雾造成呼吸系统问题。

追溯至最近 4000 年，文字的出现对我们的记忆力产生了不利影响。在文字出现以前，人们靠口头传授他们的知识，从短篇小说到整部史诗，将其全部牢记在脑海中。一些最古老的故事得以保留不是因为被写了下来，而是凭借着口口相传。语言不断地发展，口述的传统也随之发展，但写作终结了它们，用死的语言表达的文学博物馆作品取代了活的传统，仅仅几个世纪之后，就只有学者才能理解这些语言。甚至在写作出现后很长一段时间，阅读和写作都是书吏和牧师的专业技能。随着读写能力的普及，只有演员才会被要求一字不差地记住文本，因为现在每个人都可以轻易地上网查东西了。但是现在世界上许多地方推行的公共教育计划失败了，文盲率再次上升，想要恢复到文字出现以前的状态是愚蠢至极的想法。相反，一旦失去了识字能力，人们就普遍不知道怎么从口语学习转变到书面学习。

直到近代，尽管知识分子存在记忆缺陷，仍然可以使用非常简单的工具来书写，比如墨水瓶、羽毛笔和竹笔，以及东方的毛笔。但设想一下，如果你现在给律师一支鹅毛笔、一把笔刀和一瓶墨水，请她起草一份遗嘱或买卖协议，接下来会发生什么呢？我想这些东西并没有什么用处。现在，大多数人只有会使用文字处理器、拼写检查器和激光打印机才能显得专业。实际上他们的拼写和书写都很差劲，根本无法亲手起草一份令人信服的文件。我们正在做的是培养出一类人，只有按下机器的按钮，才能认定是否有文化，不然他们只会胡写乱画。

如果我们很能吃苦，那么在简单的社会，胡写乱画也够了，但我们也吃不了苦。我们天生就有棕色的脂肪组织，它可以直接产生热量，不至于让我们冻得发抖。但是，如果我们在一个温度受控的环境中成长，我们就会失去这个脂肪组织，只能依靠衣服和房子取暖，或者我们自己生扛，最后死于低温。我们原本有能力忍受轻微感染和寄生虫，但长期的室内生活、良好的卫生条件以及经常使用洗手液和抗菌肥皂，使我们的免疫系统缺乏必要的锻炼来保持力量。这会导致过敏、哮喘和免疫系统疾病高发，如果我们离开了这种特别卫生的环境，生存就会出现危机。

类似的例子不计其数。即使我们有意想撤销，我们也无法撤销人类数百万年来为进化做出的努力。不过这种进化也不是严格需要的，我们有办法适应它。如果剥夺了现代生活的舒适，也许有许多人会死去，但强者和能吃苦的人会生存下来。几千年来，工业时代已经产生了足够多的废钢，可以为幸存者提供数千年可用的制造工具的材料。我们甚至有一些新的技能：太阳能灶、高效的火箭炉、用于做饭和生物碳窑的沼气池等。羽毛笔、墨水瓶和凸版印刷都可以重回舞台。

与此同时，我们所遇到的是关于"停下来"的问题。我们应该在什么时候说够多了？我们应该在什么时候说自己已经受够了现代技术，变得脆弱并开始退缩？至少一开始我们不应该拒绝沉溺于技术，拒绝变得更弱小吗？

我们还面临着如何重新定义成功的问题。对你来说，找到一种能让你一生都在某种计算机屏幕前赚钱的方法，这听起来就像是成功了吗？如果是这样的话，那你的眼光似乎过于短浅了，因为屏幕总会熄灭，如此一来你还会有多成功？也许对成功更好的定义是找到一种生存方式，让你即使不用面对那个闪烁的屏幕也能感到快乐。同时，你可能还是会用它来做一些具体的事情。例如，我用羽毛笔非常熟练，但我的出版商却要求我将书的稿件以电子形式提交，当然这是合情合理的。我每分钟可以在电脑中敲90个字，但是如果手写的话，每分钟只能清楚地写出20个字，因为用羽毛笔要沾墨水太慢了，所以我现在正在用笔记本电脑写这本书。但是如果一直没有电，我就会去找鹅，收集它们脱落的羽毛来做羽毛笔，然后用具有3000年历史的配方制作一些墨水。

如果我们不能解决这些关于"停下来"的问题，并继续把成功定义为技术领域内的成功的话，我们就会继续朝着依赖技术的方向走。不过我猜测那一天不会那么快到来。事实上，我们当中的许多人都太依赖技术领域，以至于在很多地方，如果长时间停电的话就会出现死亡，这不是任何人定义的成功。

无限的潜在危害

危害／利益分析是一个有用的工具，可以用于评估当下技术已经存在的利弊。不过在研究尚未广泛使用的新技术时，它的用处不大，因为我们尚不知道新技术的用处有多大，更重要的是，我们不确定推广它们会带来什么样的后果。

我会毫不犹豫地说出一个常见后果：这些技术无意中会使我们变得更弱，使我们更依赖于前述我们无法控制的技术。作为一个有知觉的实体，技术领域的私心是让我们尽可能地依赖它。这是一个很容易实现的结果，因为我们很容易被诱惑，因为我们的贪婪、对舒适的热爱和对权力的渴望。基于追求健康本能，一种相反的倾向是想要获得自治、自给自足和自由，但这已变得十分罕见。引进新技术可能会导致意想不到的后果，这些后果会以问题的形式出现，并只能通过引进更新、更复杂、更先进、更昂贵的技术才能得以解决。但是同时又会产生更多意想不到的后果，直到花费所有资金，也找不到解决的办法。

核能工业

核能工业建造了核能发电厂，却不知道如何让它们退役并永久处理乏燃料。而现在却发现，没有足够的资金来完成这项工作。例如，欧盟委员会（European Commission）最近的一份报告指出，欧盟只有1501亿欧元的资产可供使用，而进行拆解工作估计需要2683亿欧元。

几次核反应堆核熔毁，如1979年宾夕法尼亚州的三里岛部分熔毁、1986年乌克兰切尔诺贝利核灾难以及2011年日本福岛第一核电站危机都表明，核事故在很大程度上使得成本倍增，以至于国家预算都难以控制其损害的程度。虽然切尔诺贝利熔毁的反应堆几乎都被包裹在石棺中，并且目前没有扩散放射性污染，但福岛的四次熔毁已经将大量受污染的水排入太平洋，而且显然没有现成的技术可以用来阻止其泄露，这恰恰证实了技术的非预期后果需要更多的、更新的技术来承担，或者可能被证明这是完全无法负担的。

核技术带来的最坏后果是：社会不稳定导致整个核设施暴露

在自然环境中，随着时间的推移被分解，然后放射性污染物质将会扩散到环境中而导致人们患癌率增加，以至于没有人能活到成年。这也是核技术无限的潜在危害。

基因工程

另一种具有无限潜在危害的技术是基因工程。它是生物体之间的人工合成，这种方式是自然选择下永远不会出现的，不是自然进化的结果，而是完全由人工合成的基因插入生物体中实现的。少数跨国公司已经培育出了转基因植物，如玉米、水稻、甜菜、大豆，目前美国种植的玉米和大豆大多数都是转基因的。

转基因食品其实是一种慢性毒药。以转基因食品为食的实验动物不能茁壮成长，而且三代之内就会丧失繁殖能力。这些信息在美国以及被美国控制的一些国家受到压制。因为在华盛顿，少数几家负责研制和推广转基因食品的公司，比如孟山都公司（Monsanto）和嘉吉公司（Cargill），都擅长所谓的"规制俘虏"：通过孜孜不倦地利用游说和政治竞选捐款，这些公司确保了政府机构和负责监管它们的专家机构配备了自己的工作人员。到目前为止，唯一能够对抗美国"转基因黑手党"的国家是俄罗斯。它禁止进口所有无法保证不含转基因污染的食品。战略风险顾问威廉·恩达尔（F.William Engdahl）说：

> 一项为期两年的独立实验室老鼠实验结果表明，喂养超过六个月转基因大豆或玉米，会使老鼠患上恶性肿瘤，并导致早期死亡率偏高……由于现在美国近93%的玉米和94%的大豆是转基因作物，一个安全的经验

法则就是通过禁止来预防。除非有证据能够证明它是非转基因的，否则一律禁止，这正是俄罗斯政府实施的政策。预防原则很简单，如果监管机构不能百分百确定它是非转基因的，就对其明令禁止。①

俄罗斯政府采取了明智的行动，但只要美国和它控制的国家继续种植转基因作物，那么这对俄罗斯人来说也是存在危险的。

首先，来自转基因作物的花粉很容易随风飘过国界，为附近种植有天然非转基因作物的田地的作物授粉，从而污染它们。由于转基因作物会留下不能繁殖的种子，当它们的花粉污染非转基因品种时，同样会使它们无法生长发育，由此会造成多种稀有品种的灭绝。相比那些对粮食安全构成重大威胁的特制转基因杂交品种来说，"传家宝"式的植物多样性更能抵御极端气温、干旱、洪水、昆虫和线虫。由于气候变化和极端天气给世界各地的作物带来越来越大的压力，基因工程的意外后果将不是歉收，而是颗粒无收，从而导致世界性的饥荒和难民危机。请记住，基因工程是完全没有必要的，所有这一切都是为了暂时提高作物产量，当然，也是为了企业利润。

其次，只要这些国家销售由转基因作物制成的玉米或大豆为基础的动物饲料，转基因污染就可以通过动物产品传播。因此，最终的解决方案是相当激进的。它包括全面禁止从没有签署转基因产品禁令的国家进口食品。目前，俄罗斯法律中有规范进口农

①　ENGDAHL F W. Russia Bans US GMO Imports[EB/OL].(2016-02-26)[2016-06-01].http://journal-neo.org/2016/02/26/russia-bans-us-gmo-imports.

产品安全的规定，但在实践中，对于全面禁止使用转基因污染产品，执行起来既困难又昂贵。

最后，尽管保护俄罗斯领土免受转基因污染很困难，但还是有可能实现的，不过保护俄罗斯人民免受污染就比较困难了。每年约有3000万俄罗斯人到受转基因污染的国家出差和旅游。他们中的许多人说体重莫名其妙的明显增加，特别是他们在美国的时候。很明显，他们发现周围的人都会这样，因为四分之三的美国男性过度肥胖，大约20%的儿童也是比较肥胖的。问题如此严重，以至于新的身体部位昵称随之而来，像"游泳圈"（女性因穿裤子暴露的一堆肥肉），"男性乳房"（胸部赘肉），等等。

美国肥胖盛行的原因有很多，其中最明显的罪魁祸首是孟山都公司"农达"除草剂中的活性成分草甘麟。它虽然是一种除草剂，但它也能杀死细菌，包括有益于肠道消化的细菌。大多数美国人的血液中都发现了微量草甘麟，结果导致人们无法正常消化食物，变得狼吞虎咽，贫血和肥胖症也就接踵而至。

作为一个主要农业生产国和出口国的俄罗斯，随着其非转基因农产品出口的扩大，它有可能会阻止边境地区的转基因生物污染，甚至也可以保护自己的公民在世界各地旅游时不被转基因生物所污染。但对于很多其他国家来说，这并非易事，因为这些国家无法在粮食方面实现自给自足，而且在政治上无法对抗华盛顿所享有的"规制俘虏"。但可以说，即使全面禁止进口来自转基因国家的产品会造成短期经济损害，那也好过为了弥补粮食供应不足而大量进口有害的转基因产品。因为基因改造的无限潜在危害有可能造成好几代人生病、不育，直至灭绝。

纳米技术

另一种具有无限潜在危害的技术是纳米技术，这是一套在纳米尺度上构造材料的方法。纳米技术有数百种不同应用已经投入商业使用中了，在汽车工程、食品包装、医药和其他领域都有许多方面运用了纳米技术。纳米颗粒和纳米材料具有理想的技术性能，使工程师能够设计出重量更轻、强度更大或具有特定光学或化学性质的材料。只有纳米技术被投入使用后，我们才能知道它的问题所在。在确定纳米材料对生物造成的一系列破坏之前，人们几乎没有什么概念，但所有的迹象都表明它们可能相当严重。难溶于水的微粒尤其危险，当生物体吸入或摄入时，它们会穿过细胞膜，甚至可以穿过动物的大脑。当它们经过不同的食物链时，会导致某些关键物种灭绝，造成不可估量的破坏。

在所有具有无限危害潜力的技术中，纳米技术可能是最糟糕的。各国有能力禁止在本国境内使用核技术。它们还可以禁止进口受转基因污染的种子和食品，但是想禁止纳米技术是不可能的。因为纳米技术是从软饮料灌装厂到信息技术公司的数百家制造公司专有技术的一部分。目前无法检测制造品是否运用了纳米技术。虽然放射性污染和转基因食品的危害可以在实验室内进行评估，但很难评估纳米颗粒对生物圈造成的破坏程度。

危害 / 利益等级

技术本身并无好坏之分，它对生存至关重要。它是帮助我们还是伤害我们，取决于我们是否使用它以及如何用好它。我们的工作是谨慎挑选那些能给我们自由、赋予我们权力的技术。我们还需要寻找一些方法以避免或消除那些能够削弱我们，使我们依赖外部利益和力量，甚至可能导致人类灭绝的技术。

如果我们做好这项工作，那么我们将缩小技术领域。技术领域会缩小的机制，只是一个简单的描述，很难用一种可量化的方式进行评估。但有时这种量化是不必要的，我们所需要的只是有信心地预测通过一些实际可行的努力就能够获得所需结果的能力。例如，没有必要使用精确的数学模型来计算打破"皮纳塔"①需要棒击多少次，只要知道敲几下就能吃到里面的糖果就足够了。因此，事实就是，我们人类适应性强、足智多谋，加上足够的激励和动力，只要竭尽所能便可以努力达成我们所期待的结果。

技术领域会随着效率的提高而扩大。这一效率不是某种相对度量，即一定有价值的输入量和输出量。相反，这一效率是整个技术领域控制我们的系统效率，这一行为，对所有其他事物都是

---

① 译者注：皮纳塔（pinata），是一种小游戏，在高处悬挂一个用报纸、纸板、绉纸等做成的五彩斑斓的人偶或动物，里面包裹着糖果、糕点、小礼物等好多好吃的、好玩的。玩的时候，用布蒙上眼睛，在原地旋转几圈后挥舞彩棒击打，直到打破它，分享里面的糖果糕点等。

一样的，我们是否赋予了它对我们更强的控制力？如果我们选择的技术能让我们放弃对技术领域的控制，那么我们就在为它工作，使它更有效率。相反，如果我们选择的技术会专门剥夺技术领域的控制手段，或者使其控制权在时间、资源和能源方面更为困难，那么我们就会降低其效率和范围。

这种效果是自动产生的。技术领域所创造出来的智能是机器的智能，其内部程序是这样的，它总是理性地按照自身的利益行事。从技术领域的角度来看，目标总是证明手段的正当性，而不考虑其他任何因素。这些目标在无限地增长和扩张，完全控制生物圈，甚至完全控制我们人类。如果我们成功地阻止它到达某个减少的临界点，然后它就会开始出现负增长，增加的努力导致减少的结果。那么，正常情况下，它将别无选择，只能减少努力，直至萎缩。这个过程如果运行的时间足够久，就将使它沦为工具，我们可以从中选择我们喜欢的，而不只是被迫执行，如果需要就去使用，如果不需要就不用。

成本 / 效益分析

请注意，危害 / 利益分析与常见的成本 / 效益分析无关。技术领域欢迎成本 / 效益分析，因为它的基本假设是一切都可以用货币价值来量化，使所有东西和每个人都成为商品，为扩大技术领域对我们和生物圈的控制提供了客观、合理的基础。成本概念的前提是要有回报，只要有人付钱就没有危害，即使是血汗钱也未尝不可。危害的概念是以其他为前提的，一旦危害发生了，它就无法挽回，就像强奸不能靠给受害者买些花来挽回一样。同样，那些伤害别人的人可以在等待结果的同时哀叹命运。

因此，请记住，危害不是一种成本，从成本的角度估计危害是一种完全错误的方法。无论是从生物圈层面，还是从人类精神文明层面，都不能用道歉来抚慰。人们也不会接受对自己造成伤害的任何一种道德赔偿。另外，你可能会被收买。但是，问你的自主权、自给自足和自由值多少钱，就等于问你作为一个奴隶值多少钱。关于技术领域对生物圈造成的危害，我们不应寻求补偿，而应限制其活动。关于奴隶，我们应该努力不做奴隶，如果做不到，就努力成为最没用的奴隶，如果可能的话，比没有用更糟糕，这也是以一种潜移默化的方式伤害我们的"主人"。

应该被禁止的技术

将危害／利益分析应用于可比技术，可以确定哪些技术更可取，并选择合理的临界点。高于这一点的就是有害或益处不足以在技术工具中占有一席之地的技术。

处在最高层的是具有无限危害潜力的技术：核技术、基因工程和纳米技术。在这种情况下，危害可能是无限的，而利益是有限的，如果一旦考虑到所有成本，这种危害确实存在。对于核能而言，其益处是增加发电量，但代价是大规模的政府补贴，没有这些补贴，任何核电工业都无法实现。如果考虑到拆除核设施和在地质时期安全隔离放射性废物的成本，核能的好处就会完全消失。对于基因工程而言，其益处是暂时提高作物产量，而危害在于破坏粮食安全以及可能导致人类数代不孕。对纳米技术而言，其益处在于使工程材料获得更好的性能，而其危害目前还无法预测，但可能对所有更高级的生命形式造成致命的危害。为了确定这三种技术在危害/利益等级中的位置，我们将其无限的潜在危害分为有限的总利益 B，可得：

$$\text{HRB} = \frac{\infty}{B} = \infty$$

因此，它们处于危害/利益等级的最顶端，高于任何合理的临界点。所以，这三种技术在任何情况下都不应该使用。另外，这一计算的另一个结果是，任何潜在的"反技术"，如果可以针对性地消除具有无限伤害潜力的技术，那么它就是所有"反技术"中最有利的，这值得我们非常认真地考虑。例如，人们可以利用基因工程技术培育出特别耐寒、具有侵略性的抗除草剂杂草，并将它们投放到野外。它们会使除草剂失效，使孟山都公司破产，使整个转基因列车脱轨。这些会给我们带来有限的危害，但转基因生物本身则会给我们带来无限的危害。由于许多杂草已进化出除草剂能力①，理论上来说，这有利于大自然。但这种"反技术"的方法并非没有危险，在《魔法师的学徒》场景中，人类可以制造比他们试图消灭的技术更有害的"反技术"。但与此同时，也提供了巨大的机遇，因为破坏复杂技术的最有效方法是通过内部破坏。

---

① VERONIQUE DUPONT.US "Superweeds"Epidemic Shines Spotlight on GMOs[EB/OL].(2014-01-26)[2016-06-01].https://phys.org/news/2014-01-superweeds-epidemic-spotlight-gmos.html.

应该被允许的技术

层次结构中较低的是造成有限危害并提供有限利益的技术。前文表4-1中列出的32个方面以一定的精确度确定危害/利益比。

其中一些方面以多种方式重叠。例如，整个社区经常使用的东西最好是商业级的，而不是消费级的，否则它会很快磨损并且无法维护。因此，合理的做法是，排除个人使用洗衣机、汽车和计算机等许多技术，但允许整个社区使用这些技术，如社区洗衣房、汽车和卡车车队，以及配有计算机的社区图书馆。

物品的重复使用特别重要。如果某些东西已经存在，那么它就不需要制造，因此造成的危害较小，因为所有的制造过程都会消耗不可再生的自然资源并污染环境。旧设备往往更便宜，但年久失修，在这种情况下，只有修理好后才能使用。但是如果它被修复了，那么就证明它是可修复的，并且使得它所需的技能存在于社区中，帮助社区变得更加自给自足。

让我们尝试通过一个具体的例子来说明。选择一辆乘用车作为社区车队的一部分，我们假设在这个社区中，私家车被认为超出了危害/利益等级的临界点。为了讨论这个问题，让我们考虑两个相当极端的选择：1976年产的切诺基吉普车和2016年产的特斯拉S型电动汽车。

第一，吉普车以及维持它运转所需的大部分部件，都来自当地的垃圾场。它们不需要再制造，也同样不会造成损害。特斯拉来自一个现代化的高科技工厂，拥有大量环境足迹，其制造过程耗尽了不可再生的自然资源（特别是锂），因而造成了环境破坏。

第二，如果吉普车需要"新"零件，可以由任意一个当地机器厂使用任意一个从当地垃圾场获得的零件重新制造。而特斯拉的零部件只能从一两个大型工厂采购，大部分部件还都来自海外，一次海啸、地震或洪水便可能会中断供应数月。

第三，吉普车实际上是免费的，而特斯拉至少要花费 7 万美元。

第四，吉普车无论什么原因被弄坏了，只要还可以修复，那么社区成员便知道如何修理它。但如果特斯拉出现问题，就只有特斯拉经销商才能使用专门的工具修复它。

第五，驾驶吉普车会造成环境破坏，因为它会排放污染物和温室气体，而特斯拉据说是零排放，可是一旦我们考虑到连接到电网所造成的危害，这个优势就被否定了。即使电力来自可再生能源，如风能和太阳能，太阳能电池板和风力涡轮机也必须人工制造，而且制造过程肯定不是零排放。

第六，如果电网发生故障，特斯拉将变得毫无用处，吉普车可以继续行驶，甚至可以为其他用途的电池充电。即使没有汽油，吉普车也可以用沼气池中的甲烷来驱动，因为它已经足够老了，可以使用老式化油器而不是新型发动机中使用的更"高效"的燃油喷射器。

第七，一旦特斯拉使用的锂电池损耗，而锂是一种不可再生的自然资源，预计在十年左右就会变得稀缺。这将使特斯拉毫无用处，因为没有替代电池可供使用。吉普车使用的是铅酸电池，它可以通过排空电池，用小苏打和水冲洗干净，然后用新鲜的酸（这是一种廉价的化学废料）填充电池，就可以使电池恢复使用一两次。即使在铅板磨损后，也可以通过手工制造新的铅板进行再制造。

第八，特斯拉只有在公路上运输乘客这一个用途，而吉普车可以在多种地形上运输货物和拖车。

第九，还有以下因素使得选择特斯拉看起来非常荒谬。虽然特斯拉在某种程度上更好，因为它不烧油，但它的设计目的是在沥青路上行驶，在泥路上表现不佳。而沥青是炼油厂在制造汽油、柴油和其他化学物质过程中产生的废物。因此，特斯拉不直接燃烧石油化工产品这一事实完全站不住脚。除非有汽油和柴油的需求，否则没有人会经营一家炼油厂。如果炼油厂不开工，就不会生产沥青，道路也不会铺好，特斯拉汽车也会再次变得毫无用处。而吉普车是专门为在坑坑洼洼的土路上行驶而设计的。

类似的分析可应用于几乎所有造成一定危害并带来一定利益的技术。我们会得出同样的结论：像一些简单的、可重复使用的、易于维护的、对社区有多种用途的东西，其危害/利益比比那些复杂的、新制造的、需要专家维护的、只对个人有用的东西低，我们自然会减少对它的生产。

零危害技术

最后，在危害/利益层次结构的底部是所有不会造成危害的技术。因为其危害是零，所以它们没有危害/利益比率：

$$HRB = \frac{0}{B} = 0$$

相反，我们应该根据它们所带来的好处来确定它们的优先级，让最有益的技术得到最多的运用。

这些技术中最好的一种可以称之为"类自然技术",这是人类针对自然界中其他物种的进化所采用的自然技术。

不存在的技术的危险

虽然许多技术由于它们的存在而造成危害,但也有一些技术由于它们的缺失而造成危害。在福岛第一核电站(Fukushima Daiichi)发生的灾难中,就有这样一个缺失至关重要的技术而产生危害的例子。在那里,不止一两项,而是三项缺失的技术造成了重大问题。

第一,没有办法找到核燃料的去向。在四个反应堆中,有三个反应堆的安全壳底部熔化了,这是众所周知的。这个地区的放射性太强,技术人员无法在那里工作。经过多次失败后的努力,人们已经承认没有办法制造出抗辐射能力足以在这种环境下生存的机器人。经过一番努力,一些机器人被送进辐射区,传回了一些模糊的黑白图像,然后在没有发现任何熔化燃料的痕迹的情况下报销了。

第二,熔毁的反应堆容器的残骸正在通过泵入水来冷却。如果没有这些过程,熔化的燃料就会燃烧并释放出放射性污染物。在这个过程中,水会受到放射性同位素的严重污染,其中一些同位素的寿命非常长,因此必须储存在容器中,这些容器被匆忙焊接在一起。目前还没有技术来有效、快速地净化这些水，而且这些容器正在工地周围扩散。假以时日，它们将被腐蚀并开始泄漏。

第三，地下水渗入了核电站，然后携带着放射性污染物泄漏到太平洋。人们努力通过冻结反应堆和海洋之间的地面来建造一座冰坝，但结果并不乐观，因为还没有技术可以将反应堆周围的地下水与其他地下水隔离开来。

这是由于缺少技术而产生危险的一个特例，但还有许多其他的例子。我们不应该简单地认为尽量减少技术的使用是一件好事情。相反，我们应该始终关注那些因技术缺失而可能造成巨大危害的技术。就拆除核反应堆（即使是已经熔化的反应堆）和长期封存废弃核燃料的技术而言，它们的缺失甚至可以说具有无限的潜在危害。

相对危害性

我们要牢记一句非常有用的谚语：更好是足够好的敌人。如果我们已经知道人类目前的生活方式破坏了生物圈，也对自身和社会造成了伤害，并赋予了技术领域权力，但我们无法想出一个完美的替代方案，那么应该试着想出一个不完美的，或许完全原始的，或许几乎不可行的方案，尽管如此，结果还是会更好。为此，危害／利益分析可以应用于我们的生活方式，一次一个元素，我们将用来寻找机会做出具体的改变，这些改变可能提供的好处较少，但造成的危害明显小得多。这将允许我们一步步降低危害／利益等级。那么，这是开始沿着危害／利益等级的道路前进的方式，目标是最终达到几乎不会造成任何危害的"类自然技术"的水平。每当不能缺少的某个技术元素需要替换，并且有几个备选方案出现时，计算每一个元素的危害／利益比，然后选择比率最低的一个。

如果某个技术元素特别有害，但又是不可或缺的，那么就要考虑如何使用它，而不是其本身是什么。例如，如果你暂时被困在一个没有汽车就无法生存的地方，那么不要考虑汽车本身，而要考虑它是如何被使用的。它是否可以作为一个车队车辆，由几个人共用？有没有可能和其他人一起旅行？有没有可能用一辆可以由社区内某个人以物易物的方式维修和保养的汽车来替代它，而不必付钱给外面的技工？最重要的是，能不能少开车？

经过一段时间的实践，这种技术将减少对技术领域的依赖，如果有足够多的人实践，它将缩小技术领域。在宏伟的计划外，这可能看起来是一件小事，但却是真正可以做到的事情。就像如果你开始感觉身体状况不佳，决定要锻炼一下，你不会一开始就做130公斤的卧推或跑马拉松，所以你可以从小处着手，然后慢慢提高。这种技术是完全合理合法的，可能会节省你的钱、时间和烦恼，这是你应该首先尝试的。

 类自然技术

思想的由来

灵感有时会来自一些奇怪的地方，这就是为什么我萌生了写这本书的想法，它始于一个词——"类自然"，是我从俄罗斯总统弗拉基米尔·普京的讲话中听到的。2015 年 9 月 28 日，普京在联合国大会发言时提出"实施类自然技术，这将使恢复生物圈和技术领域之间的平衡成为可能。"这是应对全球灾难性气候变化的必要措施，因为根据普京的说法，二氧化碳减排，即使成功实施，也仅仅是一种拖延方法，而不是一个解决办法。

我以前没有听过"实施类自然技术"这个短语，所以我在谷歌和 Yandex① 上搜索了一下，并对它进行了索引，发现所有的参考内容都是同一个联合国演讲。显然，是普京创造了"类自然"这个词。现在，普京在西方受到了大量的负面报道，这可能影响了你对他的印象。负面报道大多与拥有西方媒体公司的寡头们有关。他们因为普京把俄罗斯人民的利益放在第一位而把那些寡头们的利益放在第二位的政策感到不满。

但这完全偏离了重点。为了讨论这个问题，你需要了解的就是：这个人不会把话当耳边风。就像他创造的其他短语一样，比如"主权民主"和"法律专政"，这是游戏规则改变的信号。在这种情况下，新创造的短语都是新治理哲学的基石，并包含一套

---

① Yandex 是俄罗斯流行的网络搜索引擎。

新的政策。而且不管你怎么看他，他在俄罗斯 80% 以上的支持率足以让你相信一件事：他的政策往往是相当有效的。

就主权民主而言，这意味着需要有条不紊地排除所有外国对俄罗斯政治体系的影响，禁止西方非政府组织和由亿万富翁索罗斯特别资助的非政府组织，这一进程最近在俄罗斯的努力下成效显著。此前，这些组织妄图在政治上破坏俄罗斯的稳定。其他一些国家也发现自己陷入了"颜色革命"的困境，这些组织试图破坏其他国家的稳定，以使他们的行动符合华盛顿方面新保守主义精英的要求，现在这些国家可以效仿俄罗斯的做法。我们可以看到，这一政策的有效性体现在这些新保守主义精英们的极度绝望中，他们和他们的俄罗斯傀儡，如前石油大亨、被定罪的税务欺诈者米哈伊尔·霍多尔科夫斯基以及后来成为国际象棋棋手的政治家加里·卡斯帕罗夫，都试图操纵和破坏俄罗斯的稳定。多亏了普京的主权民主，让他们变得无关紧要，他们自命不凡的言论现在看来只不过是近乎疯狂的咆哮而已。

在法律专政的情况下，它意味着要么明确给予赦免或合法化，要么明确取缔和摧毁所有类型的非法或仅为半合法的社会组织。首先重点关注 20 世纪 90 年代在俄罗斯猖獗蔓延的犯罪团伙和保护诈骗的现象。现在这些情况正扩展到国际领域，俄罗斯正在叙利亚通过与区域伙伴合作来摧毁 ISIS[①] 等恐怖组织。法律专政意味着没有人可以凌驾于法律之上，即使是中央情报局或五角大楼。

---

① ISIS（艾西斯）是一个恐怖主义组织，有很多名字，包括伊斯兰国、代什、伊斯兰国和伊斯兰哈里发。它已被俄罗斯联邦禁止。

在我撰写本书的时候，这项政策通过清除外国资助的恐怖组织，在稳定叙利亚方面取得了一些成果，效果虽有限但也显著。请注意，俄罗斯武装部队在叙利亚的行动是合法的，他们是在叙利亚合法民选政府的邀请下进入叙利亚的，而所有其他轰炸或入侵叙利亚领土的外国行动者严格说来都是非法的。因此，俄罗斯在叙利亚的成功也是国际法的胜利。

普京似乎有一种不可思议的能力，能够通过改变现状使其符合实际情况，从而让自己的话变得使人坚定不移，因此仔细分析"实施类自然技术"这个短语是有意义的，目的是更好地理解普京所指的含义以及他可能要做的事情。这一特殊短语很难解析，因为俄语原文的意思是英语翻译无法直接表达的。

"类自然"这个词以前只能在俄罗斯学者的几篇技术文章中找到，在这些文章中，学者们通过模拟进化过程或其他类似的过程，促进了推动纳米技术或量子微电子的发展。他们的建议的基本要点似乎是，即使我们的设备变得过于复杂，人类大脑无法设计，我们也可以让它们自己设计，让它们像细菌培养皿中的细菌一样进化。但是，这也难以看出这个词的解释到底是如何的。此外，根据普京接下来所说的，我们也可以确定这不是他所想的：

> 我们需要不同的定性方法。讨论应主要涉及新的、类自然的技术，这些技术不会损害环境，而是与环境和谐共存，将使我们能够恢复被人类破坏的生物圈与技术领域之间的平衡。

这两句话警醒了我。虽然我之前曾有过同样的想法，但是我从来没有听说过如此干净利落的表达，当然也没有在联合国大会上表达过。所以我想，"好吧，我为什么不开始研究呢？"

但他所说的"技术"是什么意思？他的意思是不是说，我们需要的是一种比现在技术更节能的新一代的生态友好型廉价品和小发明，还是它们比现在的技术更节能？让我们看看在翻译过程中丢弃了什么。在俄语中，технолóгии（tekhnológii）一词并不直接指工业技术，而是指任何艺术或工艺。很明显，工业技术并不是特别类自然，所以它指的是其他类型的技术，一种类型的技术立即跃入我的脑海：政治技术。在俄语中，这个术语用一个词写成：политтехнолóгии（polittekhnológii），这个词在俄罗斯的公共生活中有很多用处。在最好的情况下，它是一种迅速将共同的政治和文化心态转移到一些普遍有益或富有成效的事上的艺术；在最坏的情况下，这是一种为了私人利益而操纵公众舆论的不被认同的企图。

普京是一位完美的政治技术专家。他目前在俄罗斯国内支持率为89%，仅有11%的人反对他，这些反对者希望他对西方侵略采取更强硬的立场。因此，从政治技术的角度来审视他的建议是有道理的，而不是抛弃了他所说的"技术"是某种新的、更环保的工业装置和设备的观念。如果他的倡议成功地使全世界89%的人支持，迅速采用类自然的、与生态系统兼容的生活方式，仅有11%的人反对，因为这些反对者认为采用这些生活方式的速度不够快，那么气候灾难就也许可以减少，或者至少可以避免包括人类灭绝等最坏的情况。鉴于世界各国领导人缺乏此类提案，并且鉴于普京之前的举措取得了成功，这一新提案可能值得一试。

在我们进一步描述政治技术是如何带来巨大的社会变化的之

前，让我们先想想"类自然技术"到底是什么样的。我们所说的"类自然"是指与自然（它的昼夜节律，水、二氧化碳、有机和无机营养物的循环）以及人类世代不间断的变化相平衡的事物，它们保存着当地的语言和文化，以及对复杂多样的自然环境的密切了解。所谓"技术"，我们指的是代代相传的实用技术，即人们为了生存而需要的，而不是任何花哨的小玩意或机械，也不是物联网、纳米技术或基因工程技术。

当然，也必须有政治技术来支持和捍卫这些努力，特别是对付那些受利益驱使的"精神变态者"，他们的掠夺危及人类的生存，并且通过资源的快速消耗和工业发展的失控危及人类的生存。接下来的一章会专门讨论政治技术，解释这些掠夺是什么，以及是如何善恶兼用，并勾勒出如何利用它们实现所需要的变革。

乡村生活

"与自然和谐相处"已经是老生常谈了，每个人都在谈论它，但没有人为此采取任何行动。到目前为止，关于"类自然"含义的讨论还相当理论化。但对我来说，这不是一个抽象的概念，因为我亲眼看见，也亲身经历过。现在让我们转换一下思路，直接切入主题，把注意力集中在我们所知道的事情上，这个世界很大，如果不谈论某个特定部分，就不可能说出任何具体内容。所以我将要讲欧亚大陆的北部，但我希望我的观察和推断可以延伸到世界各个角落，至少是那些在地球变暖、海平面上升和气候混乱时仍能存活下来的地方。

20 世纪 60 年代末 70 年代初时在苏联，当时我大约是 5 岁到 9 岁，每年夏天我的家人都会乘飞机去其他地方旅行。一切像是时光倒流。有一次，我们在一个偏僻的村庄里度过了一个夏天，当地人问我们是怎么发现此地的。我们不知道是怎么回事，当地政府也不知道这个地方，而当地人似乎热衷于保持这种状态。

我们只是和一个正在进行地震测试的地质勘探队一起，沿着一个油气层进行爆破。我们的交通工具是一辆卷轴卡车，在坑坑洼洼的土路上颠簸，我们将传感器之间的电缆插在地上，然后触发小型爆炸，这时卡车里的地震仪会喷出卷纸上锯齿状的线，记录产生的地震数据。我们是在闲逛时偶然发现了这个村庄，于是决定留下来过一个夏天，再去搭乘卷轴卡车，回到文明世界。当地人很乐意为我们提供住宿，他们为我们准备了一个废弃的小木屋，铺好地板，并为我们提供了一套适合居住的基本生活用品。

这是一个非常贫穷的村庄，有一半完好无损的小木屋都用木板封住了，剩下的少数居民身体很粗壮。晚上，狼和熊在村子里游荡，当我们设法从路过的卡车司机那里弄到一些肉时，却不得不把肉埋在外面一个坑顶堆着巨石的坑里。随着夏天的过去，狼和熊越来越擅长挖掘，坑挖得越来越深，巨石也变得越来越大。

第二年，我们又在雷宾斯克（Rybinsk）附近的一个村子里度过了一个夏天，那里靠近因建设水电站大坝而淹没的土地，大部分交通都依靠乘船，那里的老人说着一种他们自己也不知道名字的芬兰乌格里克语，令人费解。但是这个村庄更为富裕，许多家庭养着奶牛，每当下雨的时候，这些奶牛的蹄子就会把穿过村庄中心的土路翻成一个个膝盖深的泥坑，我记得我的胶靴曾卡在泥里，当时一群牛正朝我走来，其中包括一些非常凶猛的公牛，我怕它们会来追我，所以拼命地把胶靴拉出来。

还有一次夏天，我住在爱沙尼亚的一个家庭，自中世纪以来这个宅子几乎没有变化，俨然成了一座博物馆，里面收藏了一批令人印象深刻的铸铁烛台，它里面的蜡烛是用来照明的，那个时期没有电。还有一个夏天是在乌克兰西部的横断喀尔巴阡山脉地区的一个宅子里度过的。那是一个农场，在那里我有机会骑马放牛（我喜欢），帮忙做干草（这让我至今都讨厌的干草），和家里四个无拘无束的女儿睡在干草棚里（我非常喜欢）。

我们还曾在卡列利亚的拉多加湖（Lake Ladoga）①的一个狩猎小屋度过了两个夏天，这里曾经属于古斯塔夫·曼纳海姆男爵。他的拥有权只持续了很短的一段时间，当时卡列利亚不再是俄罗斯帝国芬兰大公国的一部分，但还没有成为卡列洛－芬兰苏维埃社会主义共和国。等我们到了旅馆的时候，它已经归为国有了，变成了一个度假胜地，并移交给了苏联作曲家联盟，我父亲也是其中一员。

在那里，我迷上了钓鱼，划着小船寻找淡水梭子鱼，这些梭子鱼藏在峡湾底部延伸的深深的裂缝中。为了让梭子鱼看到我的诱饵，阳光的角度必须恰到好处，我用饵料假装一条垂死

---

① 拉多加湖是欧洲最大的湖，其面积为 17700 平方公里。

的鱼在跳舞。我们把梭子鱼放在一个装满了桤木树枝的金属盒子里熏熟后吃了。这样做通常会使这种坚韧、多刺的鱼变得又嫩又好吃。

无论我们在哪里度过夏天，我们的大部分时间都是在树林里闲逛，寻找浆果、蘑菇和树林里有的任何东西。无论在哪里，森林到处都是动物和人类数千年来迁徙所穿过的迷宫般的小径。

荒野是一种精神状态

与美国人喜欢称之为"荒野"或是更糟的"未开发的土地"不同，我童年生活过的土地是不能再好的土地，它已经是完美的了，充满活力和精神，动物和人类的灵魂在数千年不间断的和谐中融合在一起。相比之下，北美国家公园是一片死气沉沉的景象，没有精神和意义，只是在人们认为荒野具有娱乐和保护等用途时，才将其作为一片荒野来维护，其标志是以大型停车场为首的徒步小径，其余的则贴上"禁止擅闯"的标签。这种景观是人造的，被认为是外来生物覆盖在自然世界上的精神构造。对一个美国人来说，地图就是风景，而对一个生活在农村深处的俄罗斯人来说，地图是证明你可能是一名政府官员，或者更糟的是，一名外国间谍的证据。

在俄罗斯的大多数地方，可以在记忆和直觉的指引下，沿着任何方向去几乎任何地方，而不是跟着痕迹或地图走。在俄罗斯，人们不必像美国人那样循着有标记的小道走，这就像是在监狱里散步一样，而在俄罗斯，人们悠闲地随处走动观赏风景，通过吆喝声保持联系。即使是年幼的孩子也喜欢独自在树林里游荡，因为美国式的安全意识是不存在的，而且可能会被认为是有害的，这是一种培养自然纯朴的人的方法。

回归乡村

我年轻时，那片壮丽的俄罗斯树林虽然人烟稀少但是充满了活力和精神。在许多地方，我们会在不经意间看到废弃的宅院，树木从一个坑里长出来，曾经矗立在它上面的房子早已腐朽，成了一个长满苔藓的土堆，一棵粗壮的柳树从一口挖成的深井里自然发芽，大自然迅速地开垦了这片土地。给人印象十分深刻的是，俄罗斯建筑的独特结构，在每一座传统村落房屋中都会发现一块砖石结构——俄罗斯火炉（后来发现得更多）。有时，我们会偶然发现果园和花园的遗迹，苹果、梨子、李子等水果一直以来都收获颇丰，还有灌木和藤条，比如葡萄、覆盆子、醋栗，但土豆田和菜园已经变成了林地。

20世纪最糟糕的是俄罗斯农村景观的萧条。1917年革命后的集体化和快速工业化使得人们从乡村涌入城市。几百年来的地方民主自治和自力更生的模式在一代人的时间里就被摧毁了。大型的公共农场和政府计划的农业生产规划取代了旧的家庭农场。事实证明，这些是彻头彻尾的失败，迫使苏联不得不依靠信贷从美国和加拿大进口粮食，却最终铺平了一条在外国债权人手中的毁灭的道路。幸运的是，这种失败是暂时的，苏联解体的25年后，俄罗斯再次成为世界上主要的农业生产国和出口国之一，在大多数农产品的生产中占据第一、第二或第三的位置。现在俄罗斯正准备成为世界上未受转基因污染的有机食品的主要出口国。

尽管俄罗斯有相当多的机械化工农业，尤其出口商品，特别是罗塞尔马什与约翰迪尔两地，但许多粮食仍在小地块上种植。这些小地块往往产量很高，通过无处不在的农贸市场销售的农产品往往质量更高。政治发展极大地促进了当地的产业发展。2014年2月，基辅政变、克里米亚公投和乌克兰东部内战之后，西方对俄罗斯实施的制裁引发了俄罗斯的反制裁，禁止违规从西方国家进口食品。与此同时，石油价格下跌和出口税下降，以及西方投机者的攻击，压低了卢布的汇率，使得进口成本更高。由于采取制裁行动，许多食品再也不能进口了。俄罗斯人已经开始密切关注他们的食品来源。另外，俄罗斯已经禁止所有转基因产品，切断了几乎完全由转基因生成的美国玉米的进口。

一些新举措和新立法正在使人们回到小规模农业生产。某些阶层的人，如退伍军人和有孩子的年轻家庭，现在可以从政府那里得到免费的土地。① 所得税通常是 13% 的统一税，对于农民来说，更是降到了 6%。其他因素，如手机服务和互联网接入的广泛普及，以及居家教育的日益普及（根据俄罗斯法律，学校必须补偿居家教育的父母），这些都有助于使农村生活更受欢迎。据报道，那些搬到农村的人们，往往描绘出田园诗般的农村生活景象，而这些会定期出现在社交媒体封面上。可以肯定的是，农村景观正在缓慢而坚定地重新恢复。

这种趋势在很多方面都回归到了常态，在俄罗斯几千年的历史长河中，这是一个拥有许多小城镇、村庄和无数独立家园的国家。这种居住模式很适合这片广阔的土地，为前工业发展提供了相当分散的资源。俄罗斯的大多数房屋，甚至是大房子，都是用木头建造的，使用寿命有限。俄罗斯的木材资源一直以来都很丰富，但是石头在许多地方是相当稀缺的，仅限于一些零散的巨石，这些巨石，形成于冰河时代以前，由于被冰川侵袭而成为大地景观。正因为如此，除了几座教堂和几座城堡②，古建筑或遗址几乎没有留下什么遗迹。当然，随着工业化的到来，水泥、砖和混凝土的出现，这种情况发生了变化。但在那之前的漫长岁月里，俄罗斯文明几乎没有留下任何永久性的标记，几乎没有什么东西是大自然不能通过火或腐蚀来迅速回收的。

---

① 这项倡议目前处于试点阶段，仅限于远东地区的土地，而且只对当地人开放。
② 这些城堡被称为"克里姆林宫"，大多数俄罗斯古镇都有一个。

居住在景区的好方法

简单、质朴的俄罗斯乡村小屋，有木墙，茅草或木瓦的屋顶，在物理意义上是暂时的：木头会腐烂，茅草屋顶会随着季节更替而变化。延长房屋使用年限的方法通常就只是简单地在一个浅基坑上的湿土地上进行，周期性地替换底层的原木，但即使这样，几十年后，整个建筑结构也必须废弃，被拆开切成木块，原地焚烧或者就直接腐烂成一堆肥料。但是，作为一种容易复制的技术，房屋又是永恒的：经历了几个世纪的磨砺，一套完美的，能够适应艰难苛刻环境的技术形成了。作为一个全能的自然技术、生活方式和与之相关的实践，都是一个非常好的典范。

房屋

俄罗斯的乡村木屋被称伊兹巴（izbá），有许多特点是完全适应其严酷的北方环境的。这本书的目的不是要描述这些特点，而是要让人们了解"类自然技术"的含义，让我们来了解其中的两个。

第一个特点是，伊兹巴不是直接进入，而是通过一个未加热的空间进入。这个被称作 séni 的空间，是一个完全封闭、安全但没有暖气的房间，与主房共用一堵墙，通常和主房一样大，有多种用途，可以用于悬挂晾晒衣物，存放滑板、滑冰鞋、渔具和鱼饵、农具、食物等。多亏了它，几乎所有的东西都可存放在那里。

主房是不随便放置东西的，而是放些必需的家具。即使空间小，也会显得宽敞。在主房里，通常放有长椅，夏天还可以在上面睡觉，旁边还有一张桌子。另外，还有书架可以放书，旁边的衣柜、橱柜和箱子可以放些贵重物品。剩余的空间用来安置俄罗斯火炉。也就是我们接下来要讨论的乡村木屋的第二个特点。

可将这种布局与北美郊区或乡村的典型住宅进行比较，séni 的许多功能都是由一些建筑特征来实现的：门廊有时被遮挡，用来堆放杂物；还分布有食品储藏室、地窖；还有一个车库，里面通常满是杂物，没有地方来停车。同样，伊兹巴的生活空间的许多功能都由客厅、厨房、书房或家庭书房和一些卧室提供。伊兹巴的长椅可以用来当作厨房的椅子或办公椅、扶手椅、沙发和床；桌子取代了厨房的柜台、餐桌，以及客厅的咖啡桌和写字台。

也许你喜欢生活在垃圾成堆的繁华地带，但你要相信，这是由一个消耗不可再生资源并迅速破坏生物圈的工业基地创造的，它的资金来源于无法偿还的巨额债务，是通过国内外经济移民近乎奴隶般的劳动来实现的。但是，如果你决定把生活需求降到一般水平，在几个朋友的帮助下，可以自己提供生活所需的一切，从而使自己变得更美好，那个词叫什么来着？对，没错，就像"类自然"。接下来的计划需要经过时间的考验，才会见效。

火炉

俄罗斯火炉的设计有几百年的历史，似乎是在耐火砖普及后不久出现的。耐火砖是一种高硅材料，反复加热而不易剥落。俄罗斯火炉是一个巨大的砖石结构并带有地基，中心是一个拱形天花板和一个平坦的地板，通常很高，人可以蹲在里面。火在地下室里烧，离炉子很远。在炉子的前面是一个烟道。烟道和门之间挂有一根木棒，可用来熏猪肉和鱼肉。烟道的正后方是一个从拱顶顶部突出来的门槛，它将热燃烧气体保留在拱顶最内侧，从而实现更好的传热效果。拱顶填满了固体材料，还覆盖了一层砖，形成了一个台面和一个稻草填充的床垫。床垫通常大到可以作为一个五口之家的床。从10月份到来年5月份，炉子一天要烧两次，平台的温度保持在25至27摄氏度，非常舒适温暖。而在炎热的夏天，因为在户外炉床上做饭，所以不给炉子生火，正好成为一个用来睡觉的好地方，非常凉爽。

炉子的外墙有几个壁龛，这改善了从炉子到室内空气的热传导，还可以用于烘衣服、烘草药、烘蘑菇和浆果，保持食物的温度，并为煮水泡茶提供一个地方。茶炊的火箱通常是用松果生火的，然后排入炉灶的烟道中。炉子下面用来存放木柴，也可以作为家畜睡觉取暖的地方。炉子还可以用来做桑拿房，当天气很冷的时候，可以盘腿坐在地下室里蒸桑拿。

俄罗斯的火炉包括一整套专用的器具，每一套都是经过专门设计的。经过几个世纪的完善，可以尽可能地发挥其最大的功能。食物是用陶罐和没有手柄的铸铁平底锅烹饪而成。这些锅用三种不同尺寸的火炉叉子放在炉子上，取锅的时候，用叉子夹住锅即可。而在平底锅里煎面包时，则是用平刃木铲移动来炒，类似于做比萨饼时用的铲子。

为了便于比较，让我们设想一下，如果你没有一个俄罗斯炉子，你去商店能买什么呢？为了取暖，你需要买一个火炉，或者安装一个油罐，或者把房屋连接到煤气总管上。然后，你需要设计一个建筑结构来分配热量，通过压缩空气或加热基板，而这都需要安装很多通道或管道。你也可以安装一个现代化的节能型木炉子，但是卧室会很冷。或许你需要买一些大型电热器，还有一些电热毯来取暖，所以可能耗电量极大。如果要做饭，需要买一个带烤箱、烤面包机和微波炉的炉子和一些用来烘东西的支架。可以烧煤，也可以烧电。这些炉子昂贵且不耐用，不如用俄罗斯火炉来代替上面的这些东西，让自己更接近自然。

桑拿房

我不知道你是怎么去街上蒸桑拿的。在北美，桑拿房只会出现在最富裕的家庭、健身房和水疗中心里。而自古以来，俄罗斯农民都可以享用桑拿，即使是在最贫穷的村庄也有一些小木屋，这些木屋有两个小房间：一个前厅和一个内室。房间里有长椅、床铺和一个用来烧大锅水以及堆放石头的炉子。"桑拿"一词是芬兰语的词汇，俄语中的"桑拿"一词的历史与此非常相似。

把水桶里的水倒进大锅里，等到炉料烧完变成灰烬，人们三三两两地走进前厅，脱下衣服，进入内室，在洗脸盆里混合冷热水，浸泡擦洗。然后，他们坐在长椅上，往滚烫的石头上泼水，制造蒸汽。蒸了一段时间后，他们用干桦树枝做成的按摩器互相按摩。这些按摩器有完美的粗齿状边缘，可以搓掉皮肤外层死皮，这也是缓解压抑情绪的一个好方法。在一个黑暗的、蒸汽弥漫的房间里，很少有人会对刚用桦树枝抽打过的人心怀怨恨。

蒸完桑拿后，很多俄罗斯人喜欢去雪堆里打滚，或者去冰洞里泡个澡。这种极度的热与冷的结合，突然从一种状态过渡到另一种状态，似乎是人体的大多数病原体的克星，很多时候，能很快地治好普通感冒。桑拿也是治疗许多身体疼痛的有效方法，从运动过度引起的肌肉疼痛到关节炎、高血压、血液循环不良、呼吸系统问题和其他许多疾病，都有很好的效果。

以俄罗斯火炉为中心的原木小屋和俄罗斯桑拿浴室都是"类自然技术"的典范。它们可以以零危害的方式建造，并且有多种好处。尽管炉子通常是由熟练的工匠建造的，但这是一项手工活动，而不是一项工业活动，适用于许多地方，而小屋本身在许多地方都完美地体现了当地的民俗风貌。

何时更换住处？

假设你现在需要迅速更换住处，有不同种类的环境供你选择。基于我们在世界许多地方目睹到的发展状况来看，有一些我们认同的和可预见的环境。显然，逃跑的想法是不理智的。但是如果你居住的地方不再适合生存，而你求生欲很强，那么这确实是一个很好的理由。比如以下几种情况：

第一，你住的地方没有淡水了。水库干涸，尘土飞扬，自流井要么不再储水，要么水中含有砷和重金属，而所剩无几的海水淡化厂只生产瓶装水，价格高昂；曾经的田地和牧场正受到侵蚀而变成沙丘，森林已经干枯而被烧毁，现在变成了像是月球景观；暴雨造成的深沟，纵横交错，这种断断续续，倾盆而下的暴雨，不利于植被的生长。

第二，你住的地方是在几英尺深的海水旁，混合着未经处理的污水和一片片蓝藻。虽然不是一直如此，但是经常待在这样的环境里，情况一定会很糟糕。海岸风加上涨潮和小雨，足以使受污染的微咸水从每个排水沟中涌出。每年都有越来越多的地下室被水淹没，越来越多的地基被破坏，越来越多的建筑物受到损毁。内陆较远的地方很少洪水泛滥，但人口分布密集，如果稍有延误，也将受到相同的影响。

第三，你住的地方恰好处在一种新的超级风暴的爆发处。全球变暖加速了冰川融化，导致部分海面形成了一片较轻的淡水透镜体，阻碍了洋流，并导致相邻海域之间的温差非常大。这些因素的共同作用使热带风暴更加猛烈，其强度可能达到了10万年未遇，它们产生的海浪，足以将海底的巨石卷起，并将它们抛到岸边的山脊上。①

第四，你的国家遭到移民的蹂躏，他们抢劫商店，占领许多公共建筑，到处殴打男人和强奸女人②。你居住的城市有很多地

---

① HANSEN J, SATO M, HEARTY P, et al. Ice Melt, Sea Level Rise and Superstorms: Evidence from Paleoclimate Data, Climate Modeling, and Modern Observations that 2 ℃ Global Warming could be Dangerous[EB/OL].(2016-03-22) [2016-06-01].http://www.atmos-chem-phys.net/16/3761/2016/.
② 就像他们在瑞典所做的那样，瑞典2016年的强奸犯罪率高居世界第二，仅次于莱索托（莱索托是南非的一个州）。

方，甚至连军队都不敢冒险进入，更不用说警察了，他们肆意妄为，即使是别的地方也很不安全。政府以担心引发骚乱为借口，对移民犯下的财产罪和入户罪，都不敢起诉。

第五，你的国家已经完全沦为法西斯主义者的工具。你最好的选择是一边做着一份无趣的工作，一边慢慢在债务泥淖中越陷越深，同时抱着一丝希望，希望自己能一路走到退休，即使你正看着你的同事被机器、非法移民和报酬低廉的外国承包商取代。你的第二个好的选择是靠微薄的社会福利维持生活，其中大部分用来购买毒品，你需要这些来维持你的理智，而反常的政府激励的压力摧毁了你的家庭，你的孩子也逐渐变得暴力。无论你选择哪一种方式，都会被全覆盖的电子设备监控，哪怕是极微小的违法行为也会被为了利益的监狱系统所吸收，在那里，做一个奴隶成为你最好的生存选择。

第六，你的收入还行，但是你发现你生活的环境，无论是自然环境还是人文环境，都越来越令人不满意。你看到周围的一切都是用工业生产的廉价部件拼凑而成，不过是加上一层俗气的塑料贴面使其"看起来很漂亮"罢了。如果一切看起来都是计算机生成的，那是因为它确实是你周围的所有人都极力地去忽略这个现实的世界，把注意力集中在诸如电视、视屏游戏上。对他们来说，这是一个合理的选择，因为他们的现实环境已经过时。他们在移动设备的屏幕上，看到了他们无可救药地上瘾的新鲜事物。他们肥胖，情感匮乏，身体孱弱。只要你留意，就会发现这些状况都不利于他们继续生存。事实上，你更愿意看到它们被鹦鹉笼子、盆栽植物或中式园林里漂亮的圆形岩石所取代。他们的父母和祖父母曾经通过在机器上按按钮来完成工作，但是现在，指挥命令人们的语言和思想是机器本身通过调节按钮来实现。你不自觉地冒出这样的想法：这不是真实的生活，真实的生活一定在其他地方，你必须在有限的余生找到它。

第七，上述六种情况的综合。

面临极端挑战的土地

我非常希望地球上会有许多可以生存的地方，有一片巨大的陆地，它在遥远的北方，海拔很高，可以避免被全球迅速上升的气候温度以及由此引发的海平面上升破坏，并且有一个足够健康和强大的生物圈：西伯利亚。你可能不会立刻产生要搬到那里的想法，但这只是一个可能作为研究的案例——一个思维实验，其目的是展现在地球上最具挑战性的环境中生存和发展所需要的各种技能。为了生存和发展，我们需要改变地球上这些具有挑战性的环境。很明显，在别的地方也会面临着同样的问题。你决定往南部地区迁徙定居，在夏季完成工作和在冬季保暖就都是些小问题，而如何避免因中暑、脱水和农作物歉收而饿死才是大问题。

为了这个思维实验，我们假设你搬迁后，周围的后勤组织和政治局势已经稳定下来。你的文件已经准备好了，你睡在一艘停靠在港湾里的船的铺位上，这艘船将带你去到目的地。在那里，一艘内河船会将你带到靠近给你的 100 公顷土地的地方。你和一群志同道合的人同行，在那里，你会拥有足够的物资来重新开始生活。你在夜晚悄悄地离开，只带了一套换洗的衣服和一袋纪念品，安静得像只猫，从此杳无音讯。

你的土地由政府以永久的、可继承的租约的形式授予你，但你没有任何的商业权利。只要你真正居住在这片土地上，你和你的孩子就可以持续使用。这些条款并不特别繁琐，政府只对你出售的自制商品征税。如果非独生子或长子，也不是家庭的主要供应者，在国家紧急情况下，你的其中一个儿子可能会被招募入伍参军。

但有一个问题：你的土地在很遥远的北方，一年中有 9 个月，那里的温度接近或低于零度。在最冷的四五个月里，那里的温度可以达到零下 40 摄氏度。在寒冷的冬天，那里一天只有 3 个小时的阳光。但在夏季的 3 个月里，气温飙升至 35 摄氏度，日照时间长达 21 个小时。另一个问题是这片土地不容易到达，因为没有道路，也没有任何修建道路的计划。夏天，可以步行或是走水路；在冬天，可以通过滑雪和用雪橇在白雪覆盖的土地或是在结了冰的水面上过去；在春天，当小道变得泥泞，碎了的冰块沿着溪流和河流冲下来时，根本无法进入；在秋天，雪落在还没有结冰的地面上，形成厚厚的湿雪，而水路上已经结冰，船无法航行，但冰结得还不够厚实坚固，所以无法供人们行走。

但也有好消息：气候变得越来越暖和，霜冻来得晚，解冻提前，生长季节越来越长，越来越多的阔叶树在阳光充足、有遮蔽的地方扎根。

离你的土地不到一天的路程，一艘内河船就会把你送到水边。在初夏，这时河流没有结冰，河岸也还没被洪水淹没，你有足够的时间为下一个冬天做准备，这样你就能渡过难关。

你需要和同伴带上一些可以随身携带的东西，要从河岸边将这些东西运送到你的土地上。这些基本的东西包括：

① 一把斧头和备用斧头；

② 一把刀和几把没有把手的刀片；

③ 铲头；

④ 锯片；

⑤ 用来保持所有这些器物锋利的包装袋；

⑥ 一支猎枪和一打子弹；

⑦ 厚靴子、大衣和其他御寒的装备；

⑧ 每人带几件更换的衣服；

⑨ 急救箱；

⑩ 带些锅碗瓢盆；

⑪ 茶壶；

⑫ 几袋谷物（黑麦）；

⑬ 几袋土豆；

⑭ 分类包装好的种子；

⑮ 帆布帐篷；

⑯ 一些小件的工具（如针线包）和用品（如茶）。

你还需要带上一些动物：

① 几只狗（其中一只是雄性），作为你的安全防护，帮助你打猎和拉雪橇；

②几只猫（其中一只是雄性），可以帮助你逮老鼠；

③几只鸡，可以提供蛋和肉，并防治虫子。

再加上你的身体，是最初的"硬件"，你将用它来引导整个操作；其他的一切都是"软件"，在你开始之前，它必须直接"下载"到你的大脑，并在别人的大脑中有一个完整的"备份"，以防你的大脑出现问题。这是你的"类自然技术套装"（NTS），如果你正确使用它，你将有生存机会，并过上长寿和幸福的生活，留下快乐、健康、自力更生的孩子，他们比上述任何典型场景中的孩子都要好得多。

这片土地既不是农田也不是牧场，而是北方森林，有着茂密的针叶树，大部分是松树和冷杉。那里有许多动物和你共处，尤其是夏天，当候鸟出现，其他动物也接踵而至。你首先要注意的是熊，它们在一段时间前刚从冬眠中苏醒，饥饿暴躁。其次是狼，狼会对你的营地产生浓厚的兴趣。你需要给它们留下深刻印象，这里现在是你的地盘，也是它们的地盘，在夜晚要保持火光，永远不要手无寸铁地去任何地方，要对它们大喊大叫，对它们进行威胁。无论你碰到它们或是别的情况，你必须占据并捍卫自己在当地食物链顶端的地位。射杀狼族和熊族中的一个首领，即使这意味着要用掉一些你珍藏的弹药。剥掉它们的皮，晒黑皮毛，然后把它们缝成帽子和外套，这样会发出一个明确的信息：在这片森林中，有一个新的顶级捕食者正在采取相应的行动。至于其他动物，你应该试着与它们和平共处，或者让你的动物来掌管它们。如果你让它们单独待着，有时（但只是有时，在特定的场合）给它们提供食物，随着时间的推移，它们会变得半驯服，通过设置陷阱可以更容易捕捉到它们。

你的首要任务是尽快砍伐树木，把原木放在阳光充足的地方，让它们晒干。采收木材的时间是在解冻和树液开始流动之前，因为在此之后，原木变得更重，更难处理和移动，也不易燃烧，如果用它们来建造房屋，腐烂的速度也会更快。但是你来得太晚了，无法更早地去做那些事，所以现在只能尽快地处理湿的、沉重的木头。

你的第二个任务是获取食物，避免耗尽自己的食物，自己的食物是用来种植的，而不是用来吃的。春季冰雪消融之际是获得驼鹿和驯鹿的绝佳时机，因为大雪厚重潮湿，驼鹿和驯鹿无法迅速逃走；在破冰之前，冰上捕鱼仍然是可能的：你可以通过烟熏肉和鱼来维持你在温暖月份的供应。但是，你又来的太晚了，要想获得足够的食物，最好的办法就是设置陷阱和围堰来捕鱼。

你的第三项任务是在地面解冻并干燥到可以挖掘的程度后开始。在冬天到来之前，你需要搬出帐篷，搬到一个更为永久的住所。毫无疑问，在来的第一个季节就建造一个小木屋是不可能的，因为有太多的事情要做，而且你来得太晚了，无法得到干燥的原木。但是你肯定可以收获足够的原木建造一个可以持续几个季节的地下掩体。这可以通过选择一块排水良好的土地和挖沟来实现。它的后面是一个火炉，两边是双层床。屋顶是用一层原木建造的，原木之间的缝隙用苔藓填充，并用厚厚的一层泥土和草皮将其覆盖起来，从而起到了隔热的作用。炉子应该有一个烟道和一个足够高的烟囱，烟囱要高到伸出积雪的上方，否则炉火将不断被融水熄灭。两扇门之间有一个门廊，门廊用来储存冷冻肉。门必须朝里打开而不是朝外打开，否则你会被雪堆困在里面。

你的地堡周围应该有柳条篱笆，每隔一段距离用木桩打入地面，并用密集的树枝或树苗填满中间的空隙。篱笆围成圆形或椭圆形而非方形的区域，可以使同一长度的篱笆所包围的面积增加25%。圆形的篱笆也可以让你的动物更容易抓住入侵者，因为它们没有可以隐藏和挖洞的角落。此外，弯曲的篱笆也能更好地抵抗风雪的侵袭。

你的第四项任务是种植粮食。砍树清理出来的土地上覆盖着一层薄薄的贫瘠的森林土壤，由于松针和冷杉针的存在，土壤呈酸性，这对种植没有直接的帮助。但是如果你把各种各样的东西放进去，比如炉缸里的灰烬、腐烂的树干，以及从附近溪流中挖出的泥土，都是有用的土壤改良剂。你就可以用它来种植所有的农作物：土豆、黑麦、卷心菜和红萝卜。土豆可以种植含有眼或芽的块状部分，每块有一到两个眼，其余的土豆可以吃。黑麦可以生长在非常贫瘠的土壤中，生命力非常顽强，可以一直生长直到结出种子。由于近24小时的光照和温暖的气温，一切都会生长得很快。所有鼹鼠、田鼠、老鼠、蛞蝓和蜗牛都会啃食农作物，它们会让你的动物朋友忙得不可开交。

等你种完庄稼，收割完食物，白天就开始变短，到日出时，树上和帐篷的墙上都会出现霜冻，是时候进入你的地堡开始取暖了。在候鸟飞走之前，一定要养几只鹅，否则就养鸭子，把它们的脂肪存起来留着冬天用。当你在冬天外出时，为了避免冻伤，可以在暴露的皮肤上涂抹鹅脂肪。

一旦气温稳定地低于冰点，在冬季暴风雪来临之前，尽可能多地囤积猎物，以便随着冬季的持续逐渐清理和解冻。这是一年中动物最胖的时候，那些年老、最不可能在冬天生存的动物已经准备被捕食了。如果你没有得到它们，那就留给狼了。作为卡路里来源的膳食脂肪尤其重要，在寒冷的气候下，几乎不可能有足够的卡路里来维持你的户外工作，你将完成多少冬季工作，直接取决于你手头上有多少动物脂肪。别担心，吃脂肪不会使你发胖，最快的发胖方法是吃加工过的碳水化合物和精制糖，但你不会有这种问题。

在冬天开始的时候，外面的大部分工作将从你在春天收获的原木上砍下、劈下和堆起的木柴开始，因为你也不想在外面零下40摄氏度的时候挥动斧头和吹暴风雪。一旦你的木柴供应到位，还有其他的任务要做。

首先，你要认真布置陷阱来获取皮毛。你随身携带的皮大衣会磨损，需要换成你自己缝制的毛皮大衣。你捕获的动物会被冻僵，可以一直存到春天。当它们解冻后，你可以将它们的内脏取出并剥皮，把毛皮晒干。这些毛皮也将作为有价值的贸易商品，在最初的几个季节里，你需要交易货物以换取你所需要的物资。

其次，如果你离河流或湖泊足够近，可以在白天往返，你也可以尝试冰上钓鱼，没有滑雪板和雪橇（除非你有足够的时间去做），你的活动范围是相当有限的。

除此之外，你在冬天要做的大部分事情就是做饭、吃饭、喂动物、喝茶、照料好最重要的炉火和睡觉。茶很重要，因为在寒冷的室外工作会让人极易脱水：寒冷的空气会吸走你体内的水分。

这就是为什么你的初始生存工具包中包含了一个茶壶（用松果或木屑来燃烧）。在炉子上的锅里煮水太慢，效率很低。但是，挂在炉子上的桶对于融雪来说是非常有用的，这样就可以得到饮用水和洗涤用水，而不必去任何地方取水。

在春暖花开之前，你需要为下一个冬天的木柴和建造木屋而忙碌地收集原木。一旦完成了，你就赢了。从最困难的第一季中生存下来，没有挨饿或暴露在严寒之中，并准备建造你的家园。一旦这样做了，并利用好"类自然技术"，你将很好地为自己和你的家庭创造一个完美合理的生活。

……

随着我们在极端环境中进行的案例研究和思维实验，假设你在这片土地上度过了第一个冬天。祝贺你！最糟糕的考验很可能已经过去了。不管你刚到这儿时有什么样的嗜好，不管是上网还是喝咖啡。你的新世界将由你周围的少数人和大量的动植物构成，但毫无疑问是属于你们的世界，你们可以充分利用它，并将它传给你们的子子孙孙。

一开始，一些非自然界的技术元素将会持续存在。但是随着时光的流逝，你的新世界将不再包括电力或电子产品、合成材料或织物、内燃机（不再有舷外发动机、雪地车或链锯）、枪支、合成药物、生物技术或其他许多东西。所有这些都将从记忆中悄然消失。它们的消失对你来说会很不方便，至少在最初的时候是这样的，但对大自然是有益的。你以前用电力完成的许多事情，现在通过巧妙的时机、耐力和技术相结合，同样可以快速地完成。例如，如果没有内燃机或牲畜来运输原木，你可以巧妙地安排它们被春汛带到下游，并刚好停在你家附近。

图书取代了日常生活中的小玩意儿。每年仲夏时节，内河船最多只能往返于海岸线定居点一次，船上有一个图书馆，这个夏天借书，下一个夏天还书。它还带来政府分发和提供的一套教科书：语学、数学、植物学、生物学、化学、物理学、地理学和地质学。一些教科书在很多学科领域都没有更新内容，毕竟最近很少出现对你有裨益的科学发现，其他一些教科书对其内容进行了一两次更新。

由亚麻制成的衣物取代了合成纤维和棉花制成的衣物，棉花随着工业化学的离开一并消失，因为棉花种植需要的杀虫剂需要工业化学来生产。你可以充分利用皮革、羊毛、狗毛，最后一种对你今后的生存至关重要。春天到了，你家的狗开始脱毛，你可以帮它们梳理毛发，狗身上蜕下的毛发可用来制作袜子、手套和围巾，狗毛有着神奇的作用。由于合成药品在很大程度上消失了，大家忙着采集和培育药用植物，组织开展预防性治疗。杀灭病毒最受欢迎的方式是去桑拿浴室，然后在雪堆里滚一滚或者在冰洞里泡一泡。

金属是工业文明唯一的遗物，仍在广泛使用。在这里，废钢板没有数量限制，你可以到工厂废墟上找到这些钢板，这足够铁匠忙活数千代的了（铁匠人数少且分布较广），铜仍然是最受欢迎的，因为它可以冷加工成任何形状。

……

这似乎是一种艰苦的生活，但所有其他的选择都会更加糟糕。全球平均气温上升超过 15 摄氏度，远超过政府间气候变化委员会（IPCC）的那些政客和科学家所估计的。很快由于气温高于35摄氏度，热浪来袭，南部的绝大部分内陆地区将不适宜居住。没有空调，这种温度是致命的。夏季的高温热浪加上停电将会席卷整个区域。由于种种原因，沿海城市也将覆灭，海岸线将上升120米，沿海城市将终年没入海浪之中。[①] 大量冰川消失，依赖冰川融水灌溉农田的国家将会发生饥荒。由于海平面的上升，所有的核电站将带着核燃料没入海中，届时，上百个新的福岛核电站会导致海水核污染，无法捕鱼，因此沿海一带的人口需要迁居内陆。但由于他们早已习惯了海边生活，以海谋生，迁居内陆并不会起到太大作用。随着气候变化的持续和加速，所有这些问题都将逐步恶化。

但是在这里，附近主要的欧亚北流河都注入北冰洋，包括勒拿河、鄂毕河和叶尼塞河。[②] 你所在的地方远高于迅速上升的海平面，并且远离其他一切干扰，包括少数人群密集的地区，它们将会经历一场大规模死亡事件。如果夏天太热或太干燥，你可以自制木筏，划到更接近北冰洋的下游，那里气候凉爽而又湿润。你可以继续练习你的"类自然技术"，有些技术在数千年前就发现并留存了下来，没怎么变。到了夏天，冰层消融，北冰洋畅通无阻，这使得幸存的人类能够彼此往来联系。

---

① WASDELL D.Climate Dynamics：Facing the Harsh Realities of Now[EB/OL].(2015-12-11)[2016-06-01].http://apollo-gaia.org/harsh-realities-of-now.html.
② 之前，加拿大的麦肯齐河是理想的目的地，但最近它的水源已经被焦油砂的开采严重污染。

变化的生活

在之前的案例研究和思维实验中，我们近距离观察，假如我们想要在任何一块土地上生存，我们需要用到什么。但是，倘若我没有提及这个选择，那就是我疏忽了。虽然全年都能生存的地方很稀缺，但对于游牧（从一个地方迁徙到另一个地方）或迁徙（半永久性的季节性露营迁移）的生活方式来说，可能会有更多的生存机会。这些生活方式都有自己的"类自然技术"，比固定生活方式所需的更具挑战性，原因很简单，因为移动、便携式技术比固定设备要求更高。

摆脱一个固定的住所可以带来许多好处：你可以自由行动以躲避危险；居无定所的环境可以让你不会把精力浪费在积累绝对需要和一直使用的外部财产上；你可以建造自己的庇护所来适应居无定所的环境。这些都是实际的考虑因素，但是游牧不仅仅是实用。游牧生活不只是很好地去适应充满不确定的因素，也是神圣和崇高的。

很多人一听到圣经中的"耶和华的殿"时，就会想到教堂或神殿。他们对房子的固定概念是一个大的、永久的、固定的结构。所以，当我们得知"耶和华的殿"最初是一顶帐篷，这是多么令人惊讶啊。定居者和游牧者之间的复杂关系贯穿整部圣经，这是奴隶制和自由之间的复杂关系。圣经上清楚的解释道：上帝或耶和华最初是一个游牧神，贝都因人的牧羊神，总是站在游牧民族一边。

让我们回顾一下世界上最伟大的创世神话之一：亚伯拉罕的故事。他以自己的名字命名了亚伯拉罕宗教，包括伊斯兰教、犹太教和基督教。这些宗教信徒占地球一半以上的人口。在故事中，亚伯拉罕和他的侄子罗得离开了城市，带着他们的牛群前往迦南，在沙漠边缘以游牧民族的身份生活在那里。但是叔叔和侄子互相争吵，最后罗得奔着索多玛和蛾摩拉城去了。耶和华因罗得所做出的选择而惩罚了他，摧毁了罗得住的城市，还将他的妻子变成了一根盐柱，仅仅因为她回头看到了这场毁灭。而亚伯拉罕心底纯净，和他的两个儿子以实玛利和以撒创建了两个伟大的游牧民族，这就是阿拉伯人和犹太人。

尽管游牧生活十分理想，但游牧群体和定居群体之间的紧张关系一直存在。干旱、饥荒和政治压迫常常迫使游牧群体前往定居群体的居住地避难。如果他们停留的时间足够长，他们可能会失去游牧的方式而陷入困境。甚至亚伯拉罕也被饥荒逼得逃离了迦南，前往埃及避难，但情况一好转，他就逃走了。后来，另一场饥荒迫使亚伯拉罕的子孙们又前往埃及避难，但他们停留的时间过长，以至于失去了游牧生存技能，只得被迫过着奴役的生活。但是亚伯拉罕的后代中出了一个极富远见的人——摩西，他娶了一个贝都因女人为妻。这个女人名叫西波拉，是一个牧羊人的女儿。她在文化传播中起着关键作用，这让犹太人从囚禁中逃回了荒野，重获自由。

游牧文明无论是在文化上还是技术上都十分先进。它要求知道制作便携庇护所，同动物保持共生关系，能够在大大小小的群体中自我管理，能在恶劣贫瘠的地带生存以及控制和保卫自己辽阔且不断变化的居所。在所有的游牧文化中，女性掌握着一半以上的文化和技术，因为游牧文明中的"耶和华的殿"——帐篷，就是由女性创造和延续的。男人放牧、制作工具、打猎、钓鱼、打仗、纺纱和制作帐篷用的杆子，女人负责织布和缝纫。帐篷通常是嫁妆的一部分，是女人的财产，离婚时由女方保留。

走进世界上任何一个游牧民族的帐篷，从热带沙漠到高纬度的北极地区，你都会发现同样的男女分离的关系反映在室内布局中。帐篷入口的左边是女性生活区域。你会发现，所有的生活工具都堆放在墙边，用来准备食物、制作皮革和织物、照顾小孩。帐篷入口的右边是男性生活区域。同样所有的东西都堆放在墙边，主要是一些工具、武器、马鞍和马具。中间是炉子，炉子后面是圣所，有祭坛，祭坛前有一块荣誉之座。就阿拉伯人来说，他们使用一种叫作 qata 的帘子将帐篷内部空间隔离开来。在美国印第安人的圆锥形帐篷中，尽管隔离手法含蓄但始终存在，这是游牧文化中的一种普遍现象。这种文明演化中形成的特征是完全有道理的，游牧民族的生活十分复杂，需要极高的能力水平才能生存。因此，为了生存，男女之间将关注点分离是十分必要的。游牧民族中单身男性或许会一直过着游牧生活直至死去，但为了让游牧作为一种可行的文化存活下去，就需要女性游牧者，需要她们的知识。

女性往往比男性更保守（政治除外），她们倾向于将自己的技能或多或少毫不改变地传给自己的女儿。因此，我们发现，在游牧建筑中，建筑形式始终如一，令人惊奇。圣经中描述以色列人曾在迦南沙漠中搭建过一种黑色帐篷，现在在一些沙漠沿线地带，我们仍能发现这种黑色帐篷，其范围从非洲亚特兰蒂斯海岸的卡萨布兰卡一直延伸到中国西藏。这种黑色帐篷是一块长方形的山羊毛织物，由宽的织带缝制而成，用几根杆子将其立起，然后用固定在钉子上的长线拉伸，就搭好了。它通过阻挡阳光和创造一个上升气流，把空气从松散的编织物中抽上来，从而保持室内凉爽，但是当下雨的时候，山羊毛纤维会膨胀，形成一个防水的表面来排水。

黑色帐篷带的北部是蒙古包带。蒙古包使用的是一个独立的框架，由底部的桶型网格、网格顶部的张力带、中心柱支撑的冠以及用榫接到冠上和挂在格子式棚顶顶部的柱子组成。蒙古包的框架上铺着一层毛毡，气候越寒冷毛毡越厚。直到今天，蒙古还有相当一部分的人生活在蒙古包里，蒙古人曾经一度向西延伸至维也纳城门。巴克明斯特·富勒（Buckminster Fuller）在其建筑思想中提出了一种以最小的结构提供最大强度的房子的概念，这种房子本质上是一种由铝材料建造的蒙古包，但就建筑材料选择方面，搭建这样一种帐篷是个糟糕的选择，因为它的原料既不会长在树上，也不会长在羊身上。

在蒙古包带北部和整个极地地区，我们发现了两种基本形状：圆锥形帐篷和圆顶帐篷，覆盖着兽皮或蒸过的桦树皮。在这两种帐篷内部，我们也发现了同样的布局：壁炉放在中间，女人的生活区域在左边，男人的生活区域在右边，祭坛摆在炉子后面。科里亚克人和楚克其人的帐篷特别引人注目。这些部落居住在极北的西伯利亚地区，气温经常比零下 40 摄氏度还要冷，因此为了保暖，他们使用的帐篷外面还搭着一顶帐篷，人们把它称作polog，由于气温极低，帐篷表面不可避免地出现凝结现象，于是人们会在白天把 polog 拿出来，凝结的部分会变成冰块，用棍子敲打就全部掉下来了。

游牧是一种创新，需要大量的先进技术和专门知识。游牧生活出现相对较晚，在很多地区，它的出现是与动物驯化同时发生的。正是与动物的共生关系赋予了游牧民族惊人的迁徙速度和辽阔的迁徙范围，同时还包括在恶劣环境下生存的能力，而过着定居生活的人群身处这样的环境之中往往很快就会饿死或渴死。在沙漠中，黑帐篷游牧民族依靠骆驼；在西藏则依靠牦牛；平原上的蒙古包游牧民族依靠绵羊和马；极地周边的部落依靠欧亚大陆的驯鹿和北美驯鹿。在游牧文明出现之后，那些条件恶劣的地区开始出现了游牧民族的生活足迹，而此前还未曾有哪种文明踏足过。

世界上有些地方，即便是游牧民族也无法生存，但他们能对环境做出评估，如果发现环境不断恶化，他们可以选择继续前进，而过着定居生活的部落则没法这样做，因为他们缺乏专门知识和技术。定居人口依靠稳定的气候，能够在同一片土地上一季又一季地种植作物。在过去的 11000 年里，气候特别温和，这种生活方式在地球的许多地方都是可行的。但现在看来，地球的这种时期已经结束了。地球已经进入了一个气候剧变的时期，农业赖以生存的自然规律不再被认为是理所当然的。在这种情况下，世界许多地方的定居人口将很快失去选择。

尽管世界上许多地方的文化偏向不尊重游牧民族，但越来越多的人发现，他们最后的选择很可能是要么过上游牧生活（如果他们做得到），要么就地灭亡。需要重申的是，要过上游牧生活，你需要掌握更多高层级的生存技术，而不是停留在一个地方，一个很难在某一代人甚至一个个体一生中完善的地方。

政治技术

如果我们用心去做一件事，我们就有可能会成功。比如：找到一个相对完整的生态圈，发明一系列在不会造成生态危害的同时还能让我们世代生存下去的"类自然技术"。

但是，还有一个很严肃的问题：有些人是不会允许我们这么做的。无论我们走到哪里，有权规划某项技术领域的主体（比如富有的个人或者公司）都会宣称其对我们脚下这块土地的所有权，并试图控制土地的使用权。通常这个主体的目的是利用这片土地获取利润，即使这么做会给这片土地带来毁灭，他们也在所不惜。即便你成功地找到了一块不受任何人控制的荒野，你也会发现，利用"类自然技术"，以人与自然平衡为目标，在这块荒野生活的你会遭到文明社会的反感。于是文明社会中的人跑来找你，然后把你拽回文明的生活中去。

这是一个政治问题。在一个理想的政治环境中，如果民众意识到他们需要做什么，就会举行公投来解决问题。他们会抛弃富裕的利益集团和公司，缩小技术领域，迅速采取一种基于"类自然技术"的新的生存方式。然而，我们所生活的现实世界中，人们却总是沉迷于一系列的政治技术。通过选举系统传达自己的政治想法，但选举系统是受人操控的。即便人们幡然醒悟，不再沉迷其中，转而试图通过投票的方式来为自己的子孙后代打造一个可生存的未来，他们的投票也不会起作用。

但对某些人和某些地方来说，事情还是有一丝转机的。人们只要了解了政治技术是如何运作的，就能够打破政治迷信，摧毁政治机器。对于如何达成这个政治目标以缩小技术领域，这里提出一些建议。

超越善与恶

运用政治技术有三个主要目标：其一是改变政治活动参与者之间的游戏规则；其二是向公众传达新的观念、价值观、想法和信念；其三是通过大众传媒和行政手段直接控制人们的行为。

通过政治技术所达成的这些战术目标，是根据更高的战略要求所制定的，也只有这些有利的战略要求才能证明这些高压、反民主手段的合理性。崇高的目标确实偶尔能够证明这类手段的正当性，毕竟通过非民主方式拯救人类和自然界，无疑要比严格坚持民主方式的前提下任由二者毁灭更好。

但是，这些战略目标也不是只有好处，它们可以分为两类。

第一，以全社会的共同利益为导向，改善每个社会成员的生活水平。这是每一个受过最好教育、最聪明、最冷静、正直而有责任心的社会成员所深知的。这种政治技术形成了一个良性循环，他们以以往的成功经验为基础，增强社会凝聚力，团结起来，为取得重大成就奠定了基础。这是有利的一类。

第二，以牺牲社会中其他成员的利益为代价，授予特权阶级更多的特殊利益，并予以保护。这类政治技术有两种结局，要么由于内部矛盾而崩溃，要么导致恶性循环。在这个恶性循环中，那些既得利益者自私自利，为了获取更多的利益，牺牲其他人的利益，导致社会不公、残酷剥削、社会效益低下、经济停滞、大规模暴力冲突、内战，最终政治体系会土崩瓦解。这是有害的一类。

美国的政治技术

美国曾经有过先例，足以证明政治技术的效果有多么惊人。目前美国的政治技术远不止这几种，尤其是那些有危害的技术，更是不胜枚举。让我们简单回顾其中几个最重要的案例。

化石燃料游说团

游说团的目的是让美国人民相信，除了大量燃烧化石燃料，没有其他的替代方法，而且这样也不会引发灾难性的气候变化。

这种做法就是在诬蔑气候学家，给人们灌输伪科学，诋毁整个科学界，将那些致力于阻止灾难性气候变化的运动说成一场阴谋。

这个例子就足够说明政治技术的效果多么强大，我们也知道受到毒害的群体有多么的庞大。即便是非常聪明的人也常常认为，我们所观察到的气候变化只是自然演变的产物（但其实不是），或者缓解气候变化其实是某个"世界政府"的阴谋（事实上，"世界政府"根本不存在）。这就足以表明政治技术是多么有效：它们可以扭曲普通人和聪明人的思想。当然政治技术也可以让被扭曲的东西恢复正常，但不幸的是，在美国国内，没有哪项政治技术被用于追求社会共同利益。如果要谈论所谓的美国政治，那么在对话变得索然无味之前，最好还是转移话题，因为你再怎么努力也找不出什么可以讨论的东西。

美国的政治技术在解决内部矛盾上似乎没有太大作用。例如，2015 年夏末，自诩"保守"的南卡罗来纳的部分地区被所谓的"千年一遇"的洪水淹没，随后很快又改称洪水是"百年一遇"，"十年一遇"，到最后含糊其词。南卡罗来纳同北卡罗来纳、佛罗里达（对于灾害等级同样含糊其词的一个州）和威斯康星州不一样的地方在于，它的州立法机关并没有禁止政府工作人员使用"气候变化"一词，但即使这样也没有人听说他们用过这个词。当滥用政治技术的那些人开始禁止使用某些特定词语时，你也就只当他们是在胡言乱语。当一项政治技术在处理内部矛盾时开始不太起作用了，通常最好的选择是顺其自然。毕竟，当被海水淹没时，卡罗来纳或者佛罗里达的当局是要用"气候变化"一词还是其他词，又有什么关系呢？

军火制造商

军火制造商的目的是让美国民众相信，私人持有枪支会让人们的生活更加安全，而且能有效防止政府暴政，因此拥有持枪权是人们不惜一切代价也要捍卫的一项权利。然而，由于美国大规模枪击事件数量的激增，这种言论造成的影响也在减弱。但是，这种说法的"洗脑性"实在太强了，有时政府也不得不对其进行直接干预来稳定局面，而现在，想做到这点也越来越困难了。这可能涉及政府和"枪迷"之间的大规模对峙。对峙证明，私人持有枪支不会让你更安全，而且你也无法对抗政府暴政。

两党制

两党制不仅仅包含两个政党，还包括与之相关的游说团体、企业、巨额资金和海外赞助商。

两党制的目的是让人们相信美国是一个民主国家，人民拥有选择权。一方面，这种政治技术看起来似乎有用。在之前的总统选举中，很多选民把票投给了奥巴马（有的人甚至投了两票），后来选民们不得不面对现实，因为他和前一任总统没什么两样。就在我写这本书的同时，这些选民已经准备好再选一次了，他们要把手上的选票投给其他民主党政客，而这些政客也都说着相似的谎话。另一方面，这种政治技术似乎已经陷入了衰败的境地。政党制度似乎没法再产生合适的总统候选人。并且，绝大多数的选民已经不再认可任何一个政党。这种发展态势使得那些玩弄政治技术的政客感到了不安。一直以来，政客们把一些不重要但具有分裂性的社会问题摆在选民面前，以此不断把选民从政治的一端推向另一端。通过这个事例就足以证明，这种政治技术正走向消亡，开始有越来越多的选民支持来自两党之外的总统候选人。

国防承包商和国防机构

国防承包商和国防机构总是对过于高昂的国防预算进行辩护，声称庞大的国防预算能够保障国家的安全，能让恶人谨小慎微，或是其他一些无稽之谈。美国的国防编制高昂，但运转效率却极其低下。政府声称巨大的国防开支是合理的，而现在显而易见的军备衰败使得这种言论不辩自破。一段时间过后，人们必然会意识到，美国的国防机构就是一个只会吸收公共资金的海绵。

……

我还会继续讨论政治技术，但为了简洁起见，同时也作为对读者的一种练习，剩下的不良政治技术，我希望读者能够填补其中的相关细节。对于读者来说，找到这些信息并不难。你可以自己思考，这些政治技术是否都有可能失败，无论是因为引发了内部矛盾或者大范围的冲突，还是因为那些受到影响的人们的普遍退化。

医疗行业

医疗行业的目的是让人们相信私人医疗保险的必要性、昂贵医疗费用的合理性以及社会化医疗的邪恶本质，让人们相信他们得到了高质量的医疗服务。然而，所有的现实证据都与这些说法相反。

高等教育产业

高等教育的目的是让人们相信，美国的高等教育价值极高。然而事实却是，学费高昂，学生面临严重的债务危机，超过一半的学生无法找到与其学位相关的工作。

复杂的监狱体系

监狱体系的目的是让人们相信，美国监禁的人数位居世界第一，其中多数人是由于非暴力行为被监禁，他们也没有伤害到其他人，这在某种程度上保证了人们的安全，然而没有证据能证明这一点。

汽车工业

汽车工业的目的是贬低公共交通的价值，让人们相信私家车是个人自由的标志。但如果考虑一下成本和汽车对外界造成的影响（如排放有毒的二氧化碳或一氧化碳气体会导致儿童发育迟缓），并将其转化为弥补这些费用和伤害所要花掉的时间，再加上在拥堵的城市开车所耗费的时间，结论就是开车比走路要慢。

农业产业

农业产业的目的是让人们相信，工业生产的廉价的、富含化学物质的食品是没有问题的。然而事实是，这些食品会导致严重的肥胖、心脏病、糖尿病以及其他疾病。

金融业

金融业的目的是让人们相信，即使他们的钱消失在不断扩大的巨额债务中，他们的钱也是安全的。把钱存在银行要比放在床垫下安全。

法律体系

法律的目的是让人们相信，它带来的是正义，而不是为有钱人服务。富人们养活一群薪资不菲的律师是一件很值得的事情，他们想要遵守体系庞大而又复杂的法律，普通人和绝大多数律师都无法理解这件事。但这也意味着这些富人们才是良好市民。

……

正如你所看到的那样，美国充斥着大量依靠政治技术过活的"寄生虫"。而这样的状况可能会变得更加糟糕，因为富有的特殊利益集团可以聘请专业的政治技术专家，编制一个合适的体制，让他们在社会利益中攫取那块大蛋糕。

因为依赖政治伎俩为生的"寄生虫"太多了，所以当涉及旨在防止灾难性气候变化的正确政治技术时，美国人可能会觉得不值得操那份心。他们认为这些政治伎俩注定要失败，要么是由于内部矛盾，要么是由于他们在徒劳的冲突中消耗了自己的精力，或者是由于对受害者产生了有害影响。

美国的政治技术输出

现在，我们把注意力转向美国用来对抗其他国家的政治技术。这似乎偏离了当前讨论的主题，即如何改变社会以避免生物圈破坏、气候灾难和人类灭绝。但这是必要的，为了缩小那些限制我们自主、自足和自由的政治技术的范围，我们首先要考虑的就是那些试图阻止我们维护自主权和自由的政治伎俩。

让我们列举一系列美国用来愚弄国民的政治技术，看看这些东西的破坏力是多么强，范围是多么广。目前，我们还没有找到可以消除这些把戏的方法，因为美国人目前还做不到这一点。为了找到成功消除这些伎俩的例子，我们有必要盘点美国一直以来想要对其他国家做的、并且最终失败了的事情。

不管美国之前的运气有多好，如：地理上与其他国家隔绝、自然资源丰富、二战胜利以及苏联解体带来的巨大意外之财，但运气终究会耗尽。实际上，美国的运气在很大程度上已经耗尽了：从纯粹实际的角度来看，美国对自己的国民如此蛮横，却不可能再在世界上肆意妄为。

抛开那些美好的事物最终都会终结这一简单问题，现在世界已经形成了对抗美国政治技术的抗体，其中一些抗体可能有助于改变社会现状，从而避免生态崩溃和气候灾难。在美国被无情的暴力、动乱和困境席卷之前，我们或许可以从这些抗体中汲取一些有益的教训。

……

我们可以将美国针对世界其他国家使用的政治技术分为三大类。虽然前两类不涉及公开的、身体上的暴力，至少不是每次都涉及，但实际上这三种类型的形式都是战争——混合型战争。

放国际高利贷

约翰·珀金斯（John Perkins）在《一个经济杀手的自白》（*Confessions of an Economic Hit Man*）中描述了放国际高利贷：

> 经济杀手是高薪的专业人士，他们从全球各国骗取数万亿美元。他们将世界银行、美国国际开发署（USAID）和其他外国"援助"组织获得的资金，注入大公司的金库和一些控制地球自然资源的富裕家庭的口袋。他们的工具包括虚假的财务报告、操纵选举、贿赂、

勒索、性和谋杀。他们玩的游戏和《帝国时代》一样古老，但在全球化时代，这个游戏已经不再适应需求。

这些事件最终可能会导致无法偿还外债的国家破产。以前，美国使用"炮舰外交"来督促赖账的国家还钱，如今，在全球化的经济环境中，就没有这个必要了。它可以通过拒绝向某个国家的银行提供流动资产就足以解决问题。这也会带来一系列强制措施：公共卫生、教育、电力、水和其他公共服务会被削减或私有化；公共资产会被外国利益集团廉价收购；私人储蓄会被没收，以象征性地偿还一些外国银行的债务；改变补贴和关税，损害贫穷国家以使富国受益；等等。最终导致社会崩溃，年轻人和那些有才华、受过教育的人试图移民国外，留下那些贫穷的、年老的、绝望的人们和社会掠夺者。

这种政治技术在很多时候都有用，最近一次是在希腊、葡萄牙和爱尔兰。一些国家虽然融入了全球经济，但能够在政治上抵挡这种力量，坚持维护自己的主权，不依照美国的指令来推行一系列政策。在这种情况下，美国采取了一种不同的政治技术，名叫"颜色革命"。这项技术利用大量非暴力的抗议者来扰乱社会发展的方向，制造社会混乱，使其内部产生分化，让目标国家的政治精英们束手无策。

"颜色革命"辛迪加

"颜色革命"经常被吹捧为实现政权更迭的非暴力方式。吉恩·夏普（Gene Sharp）是一名伟大的非暴力革命理论家，他坚持认为所有的抗议都应该是非暴力的。非暴力的概念，虽然对脆弱的国家来说是一种安慰，但需要被搁置一边，因为它只是简单的概念，不能反映现实。

仅仅因为人们没有向警察投掷燃烧弹，同时非法阻止其他人进入公共区域，这并不意味着它是非暴力的。首先，人们为了特定目的已经使用了暴力。其次，如果示威活动是非法的，恢复公共秩序需要使用武力，那么民众就是在用暴力作为违反法治的武器。把这样的人群称为非暴力人群，就等于宣称一个人在用枪指着自己的头提出要求并不是暴力行为，因为他还没有扣动扳机。

政权更迭的策划者坚持使用"非暴力"策略，主要是因为他们给当局带来的麻烦比彻底的反抗更棘手。如果政府面临武装起义，它知道该怎么做，那就是：镇压它。但是，当这个国家的年轻人穿着相配的 T 恤衫（秘密地从国外运来的）四处游行，故意喊着起慰藉作用的、令人激愤的口号，整个事件呈现出节日的气氛时，政府就无法果断采取行动，维持公共秩序的能力也逐渐消失。

"颜色革命"策略在一定程度上是成功的，社会可以而且有时确实会产生对抗它的有效抗体。值得注意的是，几乎所有的政府，从最民主的到最专制和独裁的，都容易受到影响。唯一的例外是绝对的君主专制，他们可以在某些人说话不守规矩的时候直接制止，或是那些从神权中获得合法性的统治者，只要不亵渎神灵，他们就不会被质疑这一权利。

政府没有好的办法。它不能宣布大规模的抗议者是违法的，因为他们毕竟是它的公民，大多数人甚至没有任何直接的违法行为。它也不能在不引发外交争端的情况下，对外国煽动者采取行动，因为其中许多人是重要人物或具有外交豁免权。如果要恢复公共秩序，就必须镇压示威者。如果提早进行镇压，它看起来就像是一个重拳出击的独裁专制国家，会给抗议运动提供"弹药"；如果在抗议活动最激烈的时候镇压，那么就会造成很多不必要的伤亡，使很多人反对它；如果它试图在为时已晚的时候进行打击，那么它最终只会看起来比现在更虚弱，反而会加速自己的灭亡。

但是政府确实有一个很好的战略选择，只要它预先做好准备。反对这种由外部势力推动的非暴力政权更迭的问题在于政府无法有效地反对它。但可以由一个相对小的团体授权个人直接自主地代表人民行动，从而有效地破坏它。

代理恐怖主义

我们不会详细讨论第三种政权更迭方法，坦率地说，它行不通。它还没有在任何一个尝试过它的国家建立一个稳定的傀儡政权。例如，它在阿富汗失败过，当苏联撤军后，这个国家变成了一个失败的国家。当时，被称为"基地"的恐怖组织，作为美国的宠儿，后来被用作美国入侵伊拉克和阿富汗的借口，但这些"借口"却活了下来，破坏了该地区的稳定。代理恐怖主义确实导致了国家的失败，尽管有些人可能会说这是一项合理的外交政策的最终目标，但很难说它在任何意义上都是最佳的。此外，在所有政治技术中，代理恐怖主义最有可能因内部矛盾而失败，在支持恐怖主义的同时打击恐怖主义，即使在最不显眼和无知的人群中，也终将导致认知失调。

安魂曲

从某种意义上说，这是三种政治技术的安魂曲。

国际高利贷在未来不会起到太大作用。发展中国家现在可以向中国倡议设立的亚洲基础设施投资银行（Asian Infrastructure Investment Bank）借款，成为该银行股东。世界各国纷纷抛售美元储备，并达成规避美元体系的双边贸易协定。由于自身财务状况不佳，美国已无法再充当金融稳定的推动者。很大程度上它是不稳定的金融供应者，这种产品并不会拥有太多买家。

"颜色革命"在很大程度上也在进行中，因为它们的政治技术现在已经相当先进了。2014年，乌克兰最新的大规模革命导致了一个失败的国家。后来的亚美尼亚也失败了。

代理恐怖主义不仅从来没有起到正确的作用，而且现在给华盛顿的当权派带来极大的困境。在叙利亚、伊朗和伊拉克的帮助下，俄罗斯人正以平静和镇定的态度迅速消灭美国宠爱的恐怖分子，而他们在华盛顿的昔日的支持者则明显士气低落，满口荒谬的废话。但这些抗争中仍有一些重要的教训，我们应该在这些教训都被时间蒙尘之前对其加以吸取。

政治技术的有益利用

一个成功的战略会给快速发展的社会带来什么样的变化？如果我们能够因此避免环境和社会以及灾难性气候变化的严重破坏，那么这种社会变化是否必要？我们能否利用政治技术迅速引进"类自然技术"，使技术领域与生物圈恢复平衡？

概括地说，政治技术可用于实现以下目标：

其一，通过追求全社会的共同利益来提高每个人的福祉。这是有利的一面。其二，以牺牲社会其他成员的利益为代价，丰富、授权和保护特权精英和特殊利益群体。这是不利的一面。

遗憾的是，大多数生活在美国的人们都没有完全接触政治技术有利的方面。因此，我们深入研究了美国一直以来用来破坏世界其他国家的方法，因为作为回应，世界其他国家和地区已经成功地发展了各自的反政治技术，并且正在世界舞台上不断压制美国。在苏联解体后的这些年里，美国在没有对手的情况下操纵世界，这给世界上几个地区的国家造成了威胁。

毫无疑问，积极的政治技术的优点将是令人兴奋和鼓舞的，但这也将是毫无意义的干扰。在我们为共同利益而努力之前，我们必须先阻止共同的恶的蔓延。

党派运动的必要性

合法当局在政治上是软弱的（因为外部压力），但在道德上是强大的，并且真理站在他们一边，在这样的情况下政党集团聚集在一起，就形成了党派。虽然因为捍卫社区、挫败外部势力、维护合法的权力的共同战略目标而团结在一起，但它们完全可以自由地选择自己的策略。因为它们是自发的、无政府组织的，这样的党派团体可以比政府灵活得多，它们也不必拘泥于严格合法的策略。以下是党派可以加入的一些策略。

第一，用多种方法，从与社区一级的当地小团体面对面交流，到使用社交媒体来揭示真相：这是一场基于谎言的、由外国组织并资助的运动。详细说明这些谎言是什么，拿出证据，让人们得出自己的结论。由于这些地方团体并不是官方的信息来源，他们的传播宣传就更有说服力。外国操控者能做的最多的就是宣称他们是由另一方花钱买来的"喷子"，其他当地人很清楚谁是谁，是不太可能接受这个故事的。

第二，"颜色革命"背后的操控者是隐秘的，喜欢在背后领导，而党派的目标是揭露它们。突然间，这些操纵者面对着一个神秘的、充满敌意的、虚伪的"粉丝俱乐部"，监视着他们的一举一动，在每一个要求"自拍"的人群中挑出他们，随时公布他们的行踪，并与他们热情友好地打交道，操控者很容易被揭露和压制。通过让外界知道他们的身份，党派为当地安全部门提供了宝贵的服务，省去了他们监视或渗透抗议运动的麻烦。

第三，通过植入能引起当地民众共鸣的具体问题和口号来支持示威活动，在"颜色革命"过程中，通常会有组织者潜伏在幕后，根据事先准备的剧本"在背后领导"，悄悄地告诉人们该喊些什么。这些口号一般都是空谈自由、民主和其他诸如此类的废话，因为它们不可能通过邪恶手段表达推翻合法政府的真正目的。为了满足当地特殊的、有意义的需求，他们会打出"降低公车票价！""别动我们的学费！"等的口号，党派可以使抗议活动合法化，这可能是双赢的。然后，政府可以挺身而出，宣布已经听到了人民的呼声，并真诚地进行谈判。抗议运动随后在"我们赢了！"的欢腾中消失，政府因为直接民主的成功实践而受到赞赏，操控者一无所获地回到他们的国家。

第四，通过创建大量的社会组织来分裂抗议运动。当"颜色革命"组织者试图举行会议，党派人士可以尝试加入一个不同的议程，声称真正的意义不止于此，以数据证明并提出一个不同的领导方式，对主持会议的人提出抗议然后离场，带一些其他人与他们抗争，等等。如果他们发出了书面指示，或者提供了一些道具，如丝带和标语牌，党派则加入不同的指示和不同的道具，以实现合法的本地议程。

第五，与国家安全部门和地方当局联络，交换详细的实时情报，以换取具体的小小恩惠。将这些小恩惠用于抗议活动成员，换取一些行为上的改变或妥协。这通常会被视为政府对抗议的同情，或被视为政府即将垮台的假象，可以以此加强党派在抗议者中的地位。

第六，为安全服务提供合法的目标。"颜色革命"组织者的许多工作都涉及逐渐侵蚀合法行为的界限，直到不好的事情发生，而安全部队在纵容了许多轻微的违法行为之后，变得士气低落，无法动员起来应对更大的违法行为。组织者试图以"未成年人"的形式维护人权，因为他们年轻、无辜、天真、高呼自由和民主，然后以轻微的方式破坏公共秩序。"但他们只是孩子！"所以警察什么也做不了。但如果在这些"孩子"中，有一些党派或多或少地采取了一些安排好的暴力行动，随意打压一下，给当局提供了他们需要干预的借口，那么这就揭开了"非暴力"的面纱。记住，封锁街道和阻碍公众进入公共建筑，无论如何都不是非暴力行为。"非暴力"不过是一种策略，它甚至可以被用来促进暴力，通过在侵略面前进行人身防御，以挑起屠杀，然后将其用于政治目的。

第七，组织地方的自卫队，巡逻街区以防止抢劫。干预示威活动，使反对抗议者保持统一战线，能够帮助安全部门完成一些难以证明其合理性的事情。如果政府能够证明这只是一些"爱国主义者"与当地自发反对抗议者的矛盾，那么政府的高压手段并没有什么用处。

第八，除了拥有更强大的自卫队，还要组织突击队并训练他们执行特殊任务。如果"颜色革命"经历了大屠杀阶段，并一直延续到政权的更迭，那么自卫队与突击队会得到有效的利用。到那时，那些精心挑选的傀儡将被安置在政府大楼里，获得官方头衔，而西方控制的媒体则对其进行阿谀奉承的报道，并迅速得到西方政府的外交承认。但在此之前，他们必须反复宣传，使公众产生他们是"代表人民"的假象。这是他们最脆弱的时候，先前所有对抗议运动的分裂、合作和破坏的努力，都可以通过几次决定性的行动来摧毁未来的傀儡政府。此时的傀儡政府是由专业的外国雇佣兵看守，因此突击队同样也需要由有专业纪律、训练有素、经验丰富的人组成。傀儡政府的建立是一种政治活动，为了取得胜利，就不得不将其歪曲为是人民的胜利，因此可能会因公众的尴尬或恐慌而受阻。此外，别忘了傀儡是由雇佣兵安置的，这些雇佣兵本质上很怕死，因为他们死了就无法得到报酬。如果工作环境变得很危险，他们必然会逃跑。

最后，如果一切都失败了，最后的办法就是发动以游击运动为基础的武装起义。如果起义有当地人民的支持，那么可以持续多年。为了获胜，游击运动需要坚持下去。在无法控制领土的几年后，由傀儡领导的国家必然是一个失败的国家，这对他们来说无比尴尬，他们被迫削减损失还要假装问题并不存在。这个国家将来可能在没有傀儡的统治下复兴，或者分裂成几个更小的国家。

生物圈的拥护者

要总结一个成功的党派运动的因素，以下要素似乎是激励人们加入并使运动成功的关键。

第一，一个统一的意识形态，一套共同的文化标记或共同的行为准则，使参与者具有使命感，让他们彼此认可并朝着同一个目标共同努力。

第二，有立足之地并非抽象概念，而是指他们特定的生活环境，可以给予他们归属感以及捍卫和保护环境的责任感。

第三，因为他们的生存岌岌可危，所以被敌人掠夺和侵犯的义愤一定会在困境中产生并最终被征服。

第四，对全体成员的归属感，即使他们不能立即提供援助，也能提供精神支持、合法的共同目标感。

对党派运动来说，能够摧毁技术领域的关键因素是什么？

意识形态可能会将这本书作为其来源，共同的文化标记也许能在日常生活中自然演变，而共同的行为准则可以建立在降低损害/利益等级的必要性之上，避免具有无限潜在危害的技术并向自然和零危害的技术发展。

当地环境的基础只能来自对自然的深切和持久的依恋，生物圈并非抽象的概念，而是具体的森林、草地、溪流、河流、海岸线以及栖息在其中的动植物。生物圈来源于野生的大自然，是最神圣的，是包括人类精神在内的所有精神的源泉。在宗教背景下，这是一种无神信仰，即在我们唯一赖以生存的星球之外①，人类的故事要么是这个星球故事的一部分，要么就是一个关于人类独特性和优越性的虚构故事，编造出来是为了使我们屈服于权威并服务于技术领域。

义愤的感觉来源于对遭受伤害的切身体会，而对生物圈正处于一种极端状态的理智理解会扩大这种愤怒感。这种义愤可能源于当走在一个原始的海滩上，发现周围布满塑料垃圾，或重游一个最喜欢的儿童钓鱼点或青蛙池，发现这里被浮油污染或被破旧的轮胎所填满；也可能源于当你在森林中散步，发现曾经美丽的小树林被大面积砍伐变成一个个树桩。很多人看到这样的事情都会感到愤怒与悲伤，但这不是一个党派该有的反应。正确的反应是坚定的决心和冷静的算计，这是通过对技术领域非人类的、机械般的理解而形成的。战胜它需要的不是感情用事，而是运用战略与战术相结合的方法。本书就描述了这种策略，具体策略的制定完全取决于你。

获得归属感可能需要时间，但随着运动的发展以及扩散到不同的地方，所有踏上这段旅程的人之间可能会产生一种亲切感，许多不同地方的努力逐渐联合成一个整体，从而增强这种亲切感。

---

① 宇宙有数以亿计的星系，以及大量的巨型黑洞，它是庞大的、无限遥远的，并不具备人类情感且令人畏惧，认识到这一点也许是有帮助的。宇宙只不过是一场科学怪谈，在最好的情况下，它与我们的命运完全没有关系。当然，我们应该庆幸自己拥有值得惊叹的东西，它还没有因小行星撞击地球或宇宙辐射而杀死我们。

最后，胜利感可以来自个人行动，第一步是从消除危害 / 利益至上主义开始，随着时间的推移，个人行动激发了集体行动，这为自主、自给自足和自由开创了越来越多的可能性，进而导致技术领域明显缩小。

 社会机器

技术领域的大部分动力来自技术的应用，特别是燃烧化石燃料和开采提炼不可再生自然资源，使用这些自然资源来制造短命的产品。令人惊讶的是，其中许多产品对环境有害或价值可疑，它最重要的部分不是机器而是人。更具体地说，是那些像机器一样行事的人，即那些为了获得稳定的薪水（或者说可靠的投资回报）和安全感而牺牲了自己的自主权以及判断力的人。

尽管技术领域对个人行使权力和控制，但是它获得的权利及行使控制权不是通过个人而是通过特定的组织——社会机器。社会机器是一种组织形式，它将参与者的意志置于一套明确的、书面的规则之下，这些规则是基于一种客观的衡量标准，并且在最大程度上排除了个人的判断和直觉以及独立、自发的行动。在这个过程中，技术领域对一切无法衡量的事物视而不见，比如意义、美、幸福、正义和同情。

从一个以共同理解、自发合作、共享价值观、个人判断和主动性为基础的人性化组织，发展到一个人们行事像机器人一样的社会机器，这个过程是自动产生的，这只是一个规模问题。随着家族企业或当地俱乐部发展成为跨国公司或国际非政府组织，就有必要推行正规的管理结构，并要求其成员严格遵守日益庞大且详细的规则和程序。在竞争激烈的全球环境中，对增长和主导地位的需求逐渐取代了长期可持续性和对成员国需求作出反应的动力。竞争的需要取代了整个组织的合作，曾经相互支持、相互关心、相互培养的环境被现代办公室的疏离感、冷漠的专业精神和个人冷漠所取代。

一旦人类的每一种表达都被系统清除，取而代之的是一套官僚职能和遵循规则的行为，组织就变成了社会学家和历史学家刘易斯·芒福德（Lewis Mumford）所称的社会机器。它本质上是没有人情味的，即使工作人员都是活生生的人，但它的功能作用与我们对机器人 ① 的期望并无异处。

社会机器的一个关键特征是它们实际上并不存在，它们只是我们集体想象的虚构。例如，据说美国政府之所以称之为存在，仅仅是因为有数以百万计的人相信它的存在，并相应采取自我保护的行动。如果有一天，他们因为外星人或更有可能是因为它内部无数的矛盾和无能而确信美国政府不再存在，他们将不再出现在政府机构工作，他们将无视联邦法律，并且将自发地开始组织替代的权力机构。如果他们这样做，那么美国政府就真的不复存在了。当社会机器失灵时，它便消失得无影无踪。虽然通常还会留下一些空置的办公楼，但建筑只是社会机器的空壳。

因此，社会机器不是真正的物质实体，而是行为模式。如果一台机器被描述为一种"方法和装置"（专利上的一个短语），那么社会机器就是一种与人互动的方法，而这种装置是一群人和一些办公设备。成为社会机器的一部分仅仅是一个魔咒，而魔咒有时是可以被打破的。

---

① 许多现代社会机器变得越来越自动化，它们的大部分人工部件被互联网服务器和机器人取代，而服务人员只有少数几个做不了什么的技术人员。

半人半机器

技术领域能够有效地控制大量的人类群体，使人们很难区分真人和机器人，这种能力是最近发展起来的，技术尤其是信息技术发挥了关键作用。印刷术使颁布大量的法律、规则、程序和指示成为可能。打字机、计算器和各种制表机可以收集报告并从中提取统计信息，也为决策提供了客观的标准。后来，计算机的出现实现了大部分的决策自动化，取消了人类自行判断。电报、电话和互联网对实时掌控地理分布操作提供了安全通道。高速互联网可以在几分之一秒内做出反应，这种能力被金融市场上的高频交易员（注意，不是交易员本身，而是他们的自动交易算法）所利用。

但就在不久前，即使是最有纪律和组织、最有条理的军队也不得不把决策权交给军官个人。当机密命令必须用马背传递时，它们到达战场上时就可能已经逾期了，这是不可避免的。最好的作战计划往往在第一次与敌人接触时就过期了，而战争的迷雾几乎没有为收集实时信息作为客观决策依据提供空间。由于军官阶级中普遍存在的裙带关系，使合理的管理方法在军事行动中的运用变得更为复杂，高级军官在向表兄弟或侄子发号施令时，很难指望它是客观的。最后，士气很大程度上取决于士兵对军官的信任，反过来又取决于军官是否有能力保住士兵的生命，并为他们提供食物、饮料和战利品。如果他们表现出明显的个人主义或犯上的迹象，军官们便很难再被委以重任。

多亏了现代电子产品和通信技术，这一切都改变了。现代士兵类似于半人半机器，彼此通过视讯连接，由卫星信号定位和引导，在某些情景展示中，士兵的行踪无论在哪里都能以一个点的形式在地图上显示出来，一举一动都受到监视与记录。在这种情况下，军官们要安全行事，并尽量"按部就班"地做每件事，因为即使是轻微的偏差也会对他们的职业生涯造成负面影响。由于较少依靠个别军官，士兵们对领导他们的人漠不关心；反过来，这样方便轮换军官，也不会影响军心士气。军官们开始把士兵和任务看作是下一次晋升或调职的垫脚石。那些越来越多的非国家行动者才是他们的对手，他们喜欢这种状态，毕竟一个完全可以预测的敌人才是最好的敌人。

类似的情况在现代办公环境中普遍存在，现代办公环境实际上就像是一个圆形剧场。每个人无论何时都可以通过笔记本电脑、智能手机以及无处不在的安全摄像头被追踪。他们使用安全卡或秘钥卡进出安全区域。最新的趋势是给员工植入射频技术（RFID）标签，像宠物或牛一样，免除了随身携带物品的麻烦。即使在工作之外，他们也能被追踪，因为24小时接听电话和回复电子邮件已经成为一种普遍要求，即便是在休假的时候。

在把他们的行踪和对话记录下来之后，人们就会尽量稳妥地行事：遵守规则，按部就班，减少疑问。他们认为，这是确保他们保住工作的最好方法。但往往事与愿违，像机器人一样行动反而使他们容易被机器人取代。毕竟，机器人可以读懂脚本，或者一步步地执行程序，即使做得不比人类更好，也不一定比人类差。

一个精神变态者的游乐场

精神变态者没有同理心或道德感，通常有一小部分人为了在社会中发挥作用而被迫模仿他们。在一个健康的社会里，这些人会被边缘化，甚至有时被完全排挤。有时，他们可以扮演一个特殊角色：刽子手、刺客或间谍……这个角色完全缺乏同情心。在一个互助环境中，因为普通人都有同理心，精神变态者就显得很突兀。即使他们能在有限程度上假装拥有真诚的同情心，但他们通常不能完美伪装，从而使周围的人感到忧虑不堪，仅仅一两件事就能证实他们对别人的痛苦漠不关心或有施虐倾向，这通常就足以彻底地"揭露"他们。

但是在社会机器的背景下，对于一个健康的社会来说，一个可怕的性格缺陷却显得十分正常，甚至值得称赞。缺乏同情心被视为冷漠超脱；精神变态者永远不会让情绪影响判断，施虐倾向（精神变态者伤害他人是为了让自己有感觉）被认为是一种无法改变本质的标志。相反，当一个正常人陷入一个异化环境时会感到精神错乱，当被迫盲目地遵循不人道的规则而对他人造成伤害时，普通人会对如机器一样的行事感到痛苦，也承受精神上的折磨，而一个精神变态者却没有任何感觉。正因为如此，社会机器就像精神变态者的孵化器。精神变态者不是样本中最健康的，但由于他们在社会机器中强大的包容性，他们倾向于在这种环境中生存和发展，而普通人者则不这样。

反过来，在由社会机器主导的社会中，一个人在社会机器中茁壮成长的能力是他为自己和后代创造积极结果的主要决定因素。简单地说，在这样的社会中，精神变态者在社交上做得更好，因此更有可能成功地繁衍后代。而且，基于对双胞胎的研究，精神疾病大约一半是遗传性的，一半是环境①造成的，由社会机器主导的社会有选择地培育精神变态者，这反过来又为社会机器提供了更多的人类原材料，使他们能够成长和繁衍后代。经过数代选育，社会超出这个阈值，就无法恢复健康，即使社会机器崩溃（最终都是这样），直到从基因库中筛选出足够多的精神变态者，这个过程可能需要几代人。

---

① LARSSON A, LICHTENSTEIN.A Genetic Factor Explains most of the Variation in the Psychopathic Personality[J].Journal of Abnormal Psychology, 2006(5):115.

自始至终都是机器人病患者

如果精神变态者能以独特的方式很好地适应社会机器内的生活，那么我们其余的人就什么都不是了。不同于那些功能强大的精神变态者，他们利用自身缺乏的正常人的情感，并在由社会机器构成的复杂的等级体系中浮到顶端，而相对正常的人更倾向于在底层安顿下来。在这个过程中，他们往往会遭受精神上的伤害。

当人们陷入一个受制于人、专制的环境中，被迫像机器人一样行事时，他们内心的情感生活便会与他们一贯的冷静、专业的公众形象背道而驰。由此产生的精神状态，在精神病学文献中都能一一对应，例如彻底疏远和亢进。这些恰巧是精神分裂症的症状，但并不是精神分裂症，精神分裂症患者无法遵守社会和文化规范以及遵循复杂的官僚制度规则，而这些人只要能够保住自己的工作就能设法做到这一点。

社会学家刘易斯·亚布隆斯基（Lewis Yablonsky）把这一类人称之为机器人病患者：

> 人们可能自己都没有察觉，彼此的交流像机器人那样，已经成为人类机器人或称作机器人病患者。就当前的交流过程来看，这个潜在的结论，暗示着人类互动正在无声地消亡。另一种消亡是社交消亡。在此前，人们被迫如机器人般的互动，十分压抑……在这种情况下，

人们在一个毫无意义的死亡阶段吹嘘人类制度化的陈词滥调，灾难将以此形式出现。①

因为被迫遵守和执行某些专制制度，机器人病患者已经失去寻常辨别其他人的能力，并找到了一种新的身份认同感，成为坚持己见的顽固派。因为这种新的身份认同感是人为形成的，十分脆弱，所以他们把任何不一致的迹象以及任何违反官方规范和规则的行为认定为一种人格侮辱，而不仅仅是一种违法行为。如果遵循"法律条文"而要施加严厉且不公正的惩罚，他们则坚持认为这不是针对个人的，因为如果是这样，就会威胁到他们的自我意识。机器人病患者无法像正常人一样行为处事，因为那样的话，对他们来说就是精神分裂了。

像机器人一样被迫做事是一种压迫，这不可避免地会引起愤怒，愤怒需要发泄，最终便会招致暴力。但是机器人病患者（除了警察和士兵）不能堂而皇之地使用暴力，因为这会违反规则至上的准则②。正如肖恩·克里根（Sean Kerrigan）在《官僚主义的疯狂：美国官僚走向疯狂》（*Bureaucratic Insanity: The American Bureaucrat's Descent into Madness*）中所写的机器人病患者的暴力：

> ……人类机器人病患者的暴力会以隐秘的、社会可接受的方式出现，比如：一个学生犯了个小错误，受到了学校行政人员的严厉惩罚；又或者一个官僚把向无家可归者提供食物视为非法行为。正是在这样的时刻，我

---

① YABLONSKY L.Robopaths[M]. London：Penguin,1972.
② 一个社会过度使用暴力的程度反映了该社会机器人病患者的感染程度。

们尤其能看到官僚暴力邪恶的本性。规则执行者既是一个温文尔雅、和蔼可亲的专业人士，又是一个咄咄逼人、毫无同情心的怪物，除了通过施以惩罚、罚款、拒绝、驱逐和其他形式客观的、系统的暴力外，他们无法以任何其他社会可接受的方式发泄被压抑的愤怒。①

如果我们与机器打交道，并不算倒霉，因为我们知道想要的结果；但是如果被迫和社会机器打交道，那就会很倒霉。社会一天天的腐败，其内部的社会机器也越来越堕落，并最终导致官僚主义的混乱。当未来某一天，规则完全不被遵守时，精神病患者开始疯狂地制定自己的规则。而作为回应，机器人病患者遭受人格解体、社会失范，继而陷入真正的疯狂，一个爆炸性的组合应运而生。

对策

当我们生活在一个由技术领域主导的社会中时，我们别无选择，只能面对社会机器。在这里，重要的是要把社会机器看作是技术领域的投影，也就是说，它是一种技术形式。当我们在寻找

---

① KERRIGAN S J. Bureaucratic Insanity: The American Bureaucrat's Descent into Madness[M]. CreateSpace Independent Publishing Platform, 2016.

处理社会机器的方法，以尽量减少它对我们造成的伤害时，我们被迫发明一套对策系统——"反技术"。与大多数形式的技术一样，它为我们带来特定利益的同时也给我们造成了一定程度的伤害。显然，对我们而言，这种"反技术"的最大好处是给社会机器造成了伤害，而它的害处则是给我们的身心造成了伤害。要想找到与社会机器互动的成功方式，我们必须与它融合，这反过来要求我们学着像官僚一样行事。显然，比起功能低下的机器人病患者，我们更愿意学习模仿功能高的"反技术"者。

并非所有心理健康的人为了与社会机器进行斗争，可以把他们的人性搁置一边。你知道有多少人在他们的法庭案件、申请或提案悬而未决的时候一时精神错乱，在一些难以捉摸的官僚机构面前，不断地重复其细节，无法集中精力处理其他事情？你是否注意到更糟糕的是，就在这种情况发生的时候，他们无法判断这对他们的精神造成伤害的程度？这种情况往往需要进行干预。对于一个社区来说，有一两个被指定的社会机器管理者是非常有益的，这类人就像古话说的"棍棒和石头会打断我的骨头，但言语永远不会中伤我"那样而不会受到任何不利影响。也许这会把他们推向精神病层面，但又会怎样呢？正如我已经说过的，精神变态者在某些特殊角色中非常有用：刽子手、刺客、间谍……社会机器管理员。

有时生活会把我们推向一个可以自我评估损失的境地，评估官僚主义的疯狂在什么程度上能够触动我们。例如，假设你发现自己在某个地方官员接待室。办公室的门关着，没有接待员，到处都是闲逛的人，门时不时地打开，人们进进出出或把头伸进去询问。没有排队的样子，人们经常进出等候室，私下交谈。你问谁是最后一个排队的人，人们环顾四周，耸耸肩，告诉你"他现在不在这里"。

对这种情况有可能存在一系列的反应。一种是对一个你不理解的系统运作感到惊奇，并开始通过与人们进行友好的、有意思的对话，试图弄清楚你能如何说服他们，让他们愿意在这个陌生的环境中帮助你。另一种是对这种愚蠢、缺乏组织、效率低下的管理方式感到愤怒，当然应该有一个队列，而最理想的方法是分发编号条……如果你感到惊奇，那么你可能不会受到影响；如果你近乎愤怒，那么你已经处于机器式的疯狂中，并且你急需消除受毒化的思想。

回到与社会机器的斗争。如果你没有可以代表你战斗的专业人士，那么避免心理伤害的最好办法是尽你所能远离社会机器的雷达，完全避免社会机器。任何社会机器的第一步都是对你进行分类，如果你让自己变得难以分类，那么你就可以毫发无损地逃脱。

许多社会机器都是针对当地居民的，如果你宣称自己是到访者或游客，它们不会烦扰你。如果你是一个居民，那么社会机器会追踪你的住所，它们可能会做出一个可行的选择，即没有永久居住地的居民，相当于无家可归者或流浪汉，因此是令人反感的，甚至是可提起诉讼的。但如果你只是"为了工作经常出差"，并且宣称自己是"商人"，那么它们除了忽视你外别无选择。

如果你有固定的薪水，那么这就使得你很容易被分类，从而成为主要目标。即使你通过经营一些小型的非官方企业来避免定期的薪水，这些企业中没有一家规模大到值得追查的，它们也可能会认为你是"个体经营者"并追踪你。但如果你是"一个有独立能力的人"，即使很穷，它们除了离开你之外别无选择。

如果你是一个非常愚蠢的男孩或女孩，设法使自己被识别、分类，并处于社会机器的焦点，那么你必须明白，你正在和一台机器打交道，任何理想主义、要求公平或正义、呼吁常识或任何其他不属于机器编程的东西都不会对你有帮助。如果你尝试对精神变态者使用这种方法，你只会得到嘲笑，但是如果你对一个机器人病患者使用这种方法，结果就完全不同了，你很可能会引发一场暴力（以一种神秘的、隐蔽的、官僚主义的形式表达）。另外，有时可以通过向机器人病患者的规则表示尊重和热情，使他相信你是"他们中的一员"，从而有可能从中获得一些优惠待遇。然而这种策略在精神变态者那里是无用的，因为对一个精神变态者而言，没有"他们"这一说法，但尝试并没有什么坏处的（前提是你的个人尊严已经坚不可摧了）。

但总的来说，像对待人一样接近机器是浪费时间。相反，你应该将整个交互视为纯粹的技术问题。你需要从纯粹抽象和技术层面来理解机器的功能，忽略机器本身的既定目的或任务，只将其视为一种机制，可以为你所用，并在理想的状态将你忽略。是的，社会机器是可以被"黑客"攻击的。你的任务是找出一个可以偷偷扔活动扳手①的地方，只有这样做，你才不会被当作破坏分子，甚至没人注意你会更好。

---

① 译者注：指搞破坏。

最后一点，社会机器有一个范围。有些人更具社会性，有些人更具机器性。有时很难确定哪个是哪个，但能根据下面的格言行事是十分难得的：

必须打破任何不能改变的规则。

如果一台社会机器遵循这条格言，那么它只是一台名义上的机器：规则被保存在档案中，以防有人过问，但绝大多数的时间以人类判断为主。如果友好、富有同情心的人告诉你，在什么情况下谁会另眼相待，谁会为额外的工资提供特别的帮助，哪位职员会因为把你的文件放错地方而幸灾乐祸，或者把它拿出来放在文件最上面，以换取一点感激之情，以及你在何时何地用什么样的方法确保脱离险境，这样的人便属于前者。你可能会敏感地意识到，社会机器有点像在玩把戏：官员们为了证明他们工资微薄，尽可能不做实事，所以偶尔他们中的一个可能会抓住你，跟你进行一场严肃的谈话，甚至可能尝试记下你的名字，但突然发现他的圆珠笔没墨了，或者他的记事本没有空页，就放你走了。

另一个判断一个社会机器是毫无人性的怪物抑或是徒有其表的方法就是看看它能追到多远。如果它无论如何也不放弃，势必追到天涯海角，不管事态升级，不惜浪费一切资源来"抓住他们要抓的人"，那么它就是一台机器。但如果在放弃之前，决定要追你一两个街区，只是基于人的判断，那么这只是一个名义上的机器。

随着社会的退化，社会机器也随之退化，尽管在监视和自动化方面做了很多努力，人们还是找到了生存的方法。如果这需要一些活动扳手投入工作，那么越来越多的人会开始这样做。在某种程度上，所有人都会明显地看到，大多数社会机器已经变得如此堕落，只剩下一副徒有其表的躯壳。而所有的决定都是将社会机器排除在外，由普通人将个人判断应用于不需要书面规则的情况而作出的选择。

8 争夺控制权

通过逐步降低危害／利益等级，一步一步地从技术领域中夺回控制权，只可能针对某些人，尤其是那些年龄较大并被家庭和其他责任缠身的人。但是那些更年轻、更自由的人可能对这种循序渐进的行动计划不满意。他们想要自由，现在就要！的确有一种力量阻止他们做出这样的飞跃，这些阻力是无法克服的吗？

从技术依赖到自主和自给自足，这种转变并非一朝一夕，这也是大多数人所面临的最大困难。在技术领域众多触角中选择一个能让你立刻自由，同时又能将你立刻从中解脱，相当于惊险地跳入了未知世界。只要你仍然依赖于它的其中任何一项主要服务，你就还会趋于依赖所有的服务，并不得不为之支付费用，这就妨碍了你攒钱来解脱自己。但和往常一样，你可以选择一些捷径，也可以尝试一些聪明的技巧。

铁三角

对大多数人来说，在技术领域内挣足够的钱来维持生计意味着要保住一份工作。工作的地点必须离你的住所距离较近，这对大多数人来说，意味着开车路程不算远，或离公交站较近。在北美大部分地区，这意味着拥有一辆车。除了工作和汽车，你还需要一个住所。这就是使大多数人被围困其中的"铁三角"。"铁三角"有三个组成部分：房子（你需要一个住的地方）、工作（你需要支付房子的费用）和汽车（你需要顺利上下班）。

"铁三角"是一个精心设计的陷阱，难以逃脱。即使对于一个足智多谋的年轻人而言也绝非易事，就算他能吃苦，也没什么可失去的。对于拖家带口的家庭而言，就难上加难了。这是因为在不危及其他顶点的情况下，不可能去掉"铁三角"的任何一个顶点：其一，没有工作，你拿什么继续支付房子和汽车的费用？其二，没有车，你怎么去找工作赚钱？要是你赚不到钱，又拿什么维持房贷？其三，没有房子，你连轮班休息的住所都没有，何谈继续工作，赚钱养车？

你可以同时去掉"铁三角"的所有三个顶点，但是接下来你会做些什么呢？自主选择、自给自足和自由，无论执行哪一项计划，你都需要储蓄。但不管哪种存款方式（投资、银行存款）都会因为各种各样的原因变得相当困难，还有一个普遍的原因，即整个既成体系都是为了阻止你存钱。

现在投资纯粹是投机性的，因为债券等非风险投资如今的收益率为负，导致随着时间的推移，储蓄会逐渐消失。[1] 银行支付的存款利率实际为负，也可以将你的存款充公，这些存款现在被视为你提供给银行的无担保信贷。一旦发生金融危机，你的钱会消失得无影无踪，这种事在许多地方已经发生过。

储蓄也步履维艰，因为技术领域齐心协力没收你的全部可支配收入。在经济繁荣的地区，如果你的工作好、待遇高，在偿还

---

[1] 关于负收益债券如今分文不值的唯一原因是这些债券同样用于投机投资，直到债券泡沫破灭的那一刻。

债务后，还有余力存够一笔钱，以备不时之需。但该地区的各种成本往往都会上升，直到几乎所有人都没有能力存钱。而在这些少有的繁华地区以外，就业岗位稀缺，挣的钱也不够存。

美国还有一个完全独立的奴役战略，与基于债务农奴制的"铁三角"并行运作。学生贷款表现得最为突出，联邦担保的学生贷款不能通过破产来偿还。然而，有一个诀窍，那就是开始少赚点钱，因为你的还款将以你的收入为基础，而不是以你所欠的金额为基础，剩余的贷款余额将在 20 年后偿还。但如果你赚不到多少钱，你怎么能存下来呢？

在美国，还有一种被称为私人健康保险的金融骗局。这也反映了一种明显的趋势，保险费上涨到几乎每个人的可支配收入都被榨干的程度。但多亏了这部荒唐的《平价医疗法案》。这里也有一个诀窍，同样的诀窍：开始少赚点钱。如果你的收入低于贫困线，那么你的保险是免费的。

最后，有些人的信用卡余额很高，利率很高。这些可以通过破产来解除。对一些人来说，执行从"铁三角"逃跑的计划，必须先陷入破产，然后存钱，让你的官方收入降到贫困线以下，然后在官员的监督下保持"创新"，或以某种顺序，将以上几点结合，你必须运用你的想象力。如果你认为有一些事情是违法的，那么你必须记住：在美国，没有什么是违法的，除非你被抓住。信不信由你，这就是这个国家的实际法则，那些处在经济食物链顶端的人，对于充分利用这一法则毫无疑虑。

打破"铁三角"的办法是有，但要么难以实行，要么难以找到。你会寄希望于技术领域带你轻松地摆脱它吗？恰恰相反，如果某个技巧的效果特别好，并且有足够多的人发现并开始使用它，那么很可能人们会因为尝试而被抓，它最终也会失效。你必须足够聪明，足智多谋、无畏、坚定和隐秘，如果你是这样，就没有什么可以阻止你。

分散注意力

如果你总是分心的话，很难做成一件事。不管你下定决心做什么，除非你保持专注，否则你很难做成，分心与专注总是相对的。但大多数人的日常生活总是被影像、消息和各类活动所占据，这些都是专门设计出来破坏人们注意力的东西，而且许多人也确实需要定期分散注意力，以免精神失常。生活在一个背景音乐不间断播放、电视屏幕无处不在、新闻全天候播送的世界里，当这些人工刺激都消失不见时，人们就会变得严肃而沉闷。①

退一步说，想象一下如果你的生活完美，那将会怎样。你只会参与你认为有用的或让你愉快的活动，或者两者都参加，或者只参加你想参加的活动。你可以决定每天做些什么，怎样去做。

---

① 这个问题变得越来越严重了，研究者们现在发现冥想会使人陷入沮丧的情绪中。参见：http://oxfordmindfulness.org/wp-content/uploads/jccp-paper-o21213.pdf.

你可以远离那些令你不悦、令你感到厌倦或者与你生活无关的人，选择与爱意满满、互帮互助的大家庭在一起，和一群亲密真诚的朋友一起，你会觉得十分快乐。你不需要做任何特别的事情来维持形象，你只需要按照你的意愿行事。回顾过去，你会有深深的满足感；展望未来，这种满足感更进一层，你会想让事情变得妙趣横生。问题出现了你就会去解决，但你不关心任何与你无关的问题。在每一天结束时，你会感到疲惫，因为你已经完成了当天必须完成的几件事情，然后你会放松下来。也许你会去看日落在水面上折射出的涟漪，或者看着孩子们玩耍，或者打坐冥想。你会考虑自己是否需要从这种生活中抽离出来吗？我认为没有必要，事实上任何人都很难将你从中抽离出来。

现在想想你的生活实际上是什么样的。你是否不得不四处奔波，然后不断地与陌生人或者与那些你认识但不一定喜欢的人打交道？因为其他人也都忙于四处奔波，和陌生人或自己不一定喜欢的人打交道。你可以分配给家人和朋友的时间是否太少？你是否必须遵守固定的时间表，执行其他人分配给你的任务，并遵守你没有参与制定的规则？为了取悦陌生人和你不喜欢的人，你是否必须维持自己的好形象？你是否被迫对你无法控制的事情负责？所有这一切会使你倍感压力吗？为了减轻这种压力，让你的生活更加容易，你是否觉得自己需要不断地去和人聊八卦，在网上参与评论，参加专业的团队运动，讨论政治丑闻，做白日梦，通过酗酒或吸毒来分散注意力？如果是这样，那么你可能会发现自己无法保持改变生活、使生活更接近上面描绘的理想状态所需的注意力。

如果你真的想改变自己的生活，应该从哪里开始呢？事实证明，与干扰作斗争的工作几乎和干扰本身一样令人分心，但也不尽然，因为与干扰作斗争的工作本身也需要专注。一开始，你甚至可以适当分心。例如，假设你在看电视（这是一种干扰），但你只看一个节目，恰好这个节目是相当不错的，所以你已经准备好只专注于这个电视节目了，但该节目是在有广告的商业频道上播放的，广告就是一种分散注意力的干扰。关掉声音，或在广告时间玩数独游戏或填字游戏，这样你就可以不用关注任何广告了。从不必要的干扰中分散注意力已经算是一种胜利了。

　　但这些都是小把戏，当你开始运用你新获得的专注力，尽可能地消除生活中给你带来压力的事情时，一切又会变得困难起来，这些事情反过来会迫使你去寻找分散注意力的方法。分散注意力的一种有效办法是制定新的规则。例如，你一天要处理多少次电子邮件呢？如果一收到邮件便立刻浏览回复，可能会给你造成不必要的压力。但你可以制定一个简单的规则：一天分三次浏览并回复邮件。首先，早上一次，经过一晚的休息，精神满满、带着愉快的心情开始一天的工作；其次，午饭后一次，再次休息后，你会精神抖擞；最后，一天工作结束之际再一次，这时你依然心情愉快，因为你非常期待工作结束，突然间处理电子邮件也不再让你感到压力。虽然这看上去有些琐碎，但效果显著。

　　购物是分散你注意力的罪魁祸首之一。而且，购物可能会造成一种恶性循环：买得越多，就需要赚越多的钱，生活会变得更有压力，这时你就更需要分散注意力，又是通过购物。回过头来看，只买你绝对需要的或迫切想要的，你就可以摆脱这个恶性循环。

你需要给自己多制定一些规则。想想看，包括那些几乎没用过的，你的东西是不是过多了？这里有一条好建议：如果有些东西你已经超过一年没有用了，就把它扔了。另一种好办法是：每添置一件新东西，就扔掉两件旧的。一段时间之后，当你发现你的东西都基本变得令你满意之后，你就可以开始每次只扔一件了。

如果你这样做，那么赚钱的需求将大大减少。因为你可以开始将注意力放在扔掉那些让你感到有压力的东西上，而不为赚钱所带来的压力感到苦恼。把这个方法坚持下去，你就能达到自己的目标。

我们还需要了解的一个问题是，到底哪种情况算分散注意力，哪种情况不是。例如，美国的选举制度引导人们关注政治人物，这是为了让投票成为公民生活的重要部分，还是只是为了分散注意力？2014 年普林斯顿大学社会学家马丁·吉伦斯（Martin Gilens）和本杰明·佩奇（Benjamin I. Page）的研究显示，美国不是一个民主国家，他们的统计分析表明，美国的公共政策决策与选民的偏好无关；相反，它们与由商业游说团体和富人组成的一小部分选民的偏好相关。①

这项研究提供了一个客观的标准，用以确定关注美国的选举政治和花时间决定如何投票是否会在具体案例中分散注意力。你只需要问自己一个问题：我是千万富翁还是商业大亨？如果答

---

① GILENS M，PAGE B I. Testing Theories of American Politics: Elites, Interest Groups, and Average Citizens[J]. Perpsectives on Politics, 2004, 12 (3): 564-581.

案是"是"，那么，无论如何，请关注大选情况；如果答案是"否"，那么你的参与必然是毫无意义的，这对你的生活来说只是另一种注意力的干扰。[①]一旦你掌握了这些事实，排除选举政治可能就不会太困难了。要说服所有热衷于政治选举的人，你可能仍然会遇到一些困难，也许你自己就是其中一分子，尽管你可能既不是千万富翁也不是商业大亨。

我们还可以关注气候变化。关注灾难性气候变化的是一种合理的关注还是一种对注意力的干扰？这个情况有点复杂。如果你想让你的子孙后代拥有一个适合生存的未来，那么关注气候变化是合理的。因为让他们生活在一个终将干涸或过于炎热潮湿以致中暑的地方，或者生活在海水随时淹没家园，或者经常被巨大的超级风暴摧毁的地方，无论如何都不会有任何好处。要想避免这种负面结果，你可以密切关注气候科学家的研究成果，并根据他们的预测做出某些决策。

气候科学还有其他一些用处不大的方面。比如，就像其他类型的灾难片一样，你可以用一些东西来刺激自己，无论是小行星、火山爆发还是僵尸入侵，这都是一种对注意力的干扰。另一种分散自己注意力的方式是关注气候政治，看看"世界领导人"都在说什么，假模假样地在做些什么。在这里，我们只需做一个简单的观察就足够了，他们到目前为止做过什么呢？自1992年《京都

---

① 然而，有一个例外。如果你把投票当作一种策略游戏，那么你可以通过随机投票（抛硬币）剥夺有钱的利益集团获得他们支付的结果。你在政治上仍然是无能为力的，但你至少在追求一个长期目标，那就是打击这个伪民主制度，为创造更好的制度开辟可能性。

议定书》通过以来，全球工业温室气体排放量是上升还是下降？事实上，全球工业温室气体排放量一直在增加，并且数量惊人！因此，虽然关注气候变化可能是合理的，但是除非你能提出一个令人信服的理由并给出"这次，它会有所不同"的论据，要不然气候变化政治纯粹是一种干扰。

不过，你可能会问，如果你真的喜欢这种方式，并且完全不想消除这种方式呢？当然，所有事情都应适度，这也包括努力排除干扰这件事。你应该努力抛弃那些根本没有用或令你不愉快的东西，以及那些妨碍你实现目标的东西，同时坚持做那些你真正享受的事情，不管是研究古代文明、插花还是国际象棋。也许，你应该允许自己偶尔被一些无稽之谈打断一会儿，避免让自己太过认真。

规模问题

规模效应在很大程度上是思维习惯的结果。我们沉浸在技术领域中，这会让我们认为规模的大小是随机的。我们能够测量从纳米到光年的物体；我们能够看到大陆以音速的几倍移动或行进；我们知道一个人可以比另一个人富十亿倍，但仍然只是一个普通人，而不是臀部能环绕着地球的人。

但这些都不是真的。我们无法用眼睛直接看到任何小于十分之一毫米的东西；我们中只有少数人可以用 4 分钟跑完一英里。若没有强大的社会机器为无限的抽象概念上的财富提供支持，我们谁都不会比下一个人更富裕，因为下一个人会找到我们，就像在正常的人际关系中经常发生的那样，他会说："显然你拥有的比你所需要的东西多，那么让我帮你摆脱多余的东西吧。"

由于我们从小就被教导规模的大小是随机的，所以我们会觉得越大越好，我们所追求的也是更富有，更强大，更令人印象深刻，并不断超越几乎所有事物的最佳规模。这种观念造成的最严重的影响体现在人类社会的规模上。显然，在这种观念下，最佳的规模不会是一个人，因为作为个体的我们很弱，几乎没有防御能力。如果我们是一个群体，就几乎可以变得无限强大。但是，随着社会规模增加到一定的程度，我们的个人能力也会增长，而最佳规模却是惊人的小，若人数在 100 到 200 人之间，通常只有 150 人被认为是最好的。这是由社会学家罗宾·邓巴（Robin Dunbar）发现的，被称为"邓巴数字"[①]。超过这个规模，平均来看，群体越大，个人的能力越弱。

我们生活在拥有数百万人口的城市，生活在拥有数亿人口的国家，上面的研究结果对我们来说意味着什么呢？在拥有数十亿人口的星球上，这意味着基于第一人称复数代词的语法意义上，"几十亿人"不能用"我们"这个词来表示，它们只是数字，人

---

① "邓巴数字"与相互信任并能够作为一个整体的联合团体有关。在一个稳定，良性的社会环境中，基于有限信任的个人松散网络可以在不超过最佳规模的情况下无限扩大。

类无法凭借感官直接理解。诸如"我们是世界"和"世界和平"之类的陈词滥调对有些人而言可能是一种愉悦的感觉，但对于那些对世界上实际发生的事情略知一二的人来说，会觉得有点难以接受。这数十亿根本不存在任何实质意义，它们只是投射在困住我们的洞穴墙壁上的阴影。

那么谁会生存下来呢？是那些我们并不陌生的人，我们认识他们，并与他们有私交。从最广泛的意义上来说，他们是"家庭"并将能够囊括的人都囊括进来（不一定只是血缘关系），但并不超过"家庭"这个词表示的意义。如果没有一个突出、铁定的理由，即使再没良心的人也不会将你从家庭中排除在外。他们会帮助你，会比陌生人更善待你，无论你是否值得拥有。在极端的情况下，这些人会为了保护你的生命而放弃自己的生命，并期望得到同样的回报。

这些家庭、宗族或部落的存在是对技术领域的直接冒犯，因为技术领域更希望我们成为无助而孤立的个体，使我们无助地依赖于冷冰冰的社会机器和技术生命支持系统。在你与其他人一起努力形成这样一个群体的时候，就形成了统一战线。这种战线很快就会显露，因为当你开始直接与其他人一起合作，规避任何官方安排时，很快就会发现你正在触犯法规。在美国，当你用一堆萝卜与邻居交换一堆防风草，而没有向政府报告这个易货交易，你就可能会犯逃税罪。事实上，要想分辨出这些人是家人还是陌生人，就要看他是否愿意为了你而触犯一些法规。如果不愿意，那么你不是和真正的朋友一起合作，而是与渗透在你生活中的技术领域人员一起工作。但现在许多组织过犹不及，他们要求新招募的人员犯下严重罪行作为获得组织认可的一种仪式，但问题仍然存在：如果做正确的事情是非法的，那么犯法行为就能够避免不忠？

解决规模问题的最佳方法是在个人层面上解决问题，找到大约150①位最亲密的人，并尽可能不与其他人接触。对大多数人来说，这是一个非常大的行为转变。我们常常被教导不要与家人和朋友一起工作，因为这会被认为是一种"裙带"关系，会相互偏袒，然而这通常是最有效的。我们被教导要信任像银行、保险公司和投资公司这样没有人情味的机构，这些机构反而充斥着腐败和欺诈，强大到连政府都无法对抗。同时，我们也被教导不要信任我们最亲近的人，那些只要有机会就会尽最大的努力赢得我们信任的人。我们被告知要与完全陌生的人做生意，因为他们关心自己的公众信誉，或者因为如果他们伤害或欺骗我们，警察和法院会为我们辩护。所有这些坏习惯很难一下被打破，所以最好逐步完成，一次打破与一个人的关系。

一旦你与少数对你而言真正重要的人解决了个人层面的规模问题，那么，像城市、国家、世界等较大层面的规模问题可能仍旧存在，但它们已不再是你所关心的问题，因为你不再依赖于家庭和朋友之外的东西。如果你确实发现需要关注这些外部实体，你可以面对它们，不是作为软弱、无助的个体，而是作为一个强大、有凝聚力的组织。如果你所在的村镇或城市辜负了你们中的任何

---

① O'GRADY R .Strong: A Pathway to a Different Future[M].NY：Club Orlov Press, 2016.

一个，那么当地官员会突然发现，他们面临的政治问题要比预想的要大得多，你的组织可能将移民到一个更有前途的城镇。你会知道对你来说真正重要的是什么，这些超出规模的实体不会比你的 150 位亲密伙伴更重要。

生活技巧

现在我们来解决问题的关键：除了利用危害 / 利益分析技术挑选技术领域外，我们如何才能与它进行一场酣战？为了回答这个问题，我们需要研究技术领域用来控制和奴役我们的策略，然后学习一些已被证实特别有效的反制策略。

技术领域在诱捕和奴役个人方面的总体策略可以归结为付费。仅仅是为了居住在这个星球上，就像你作为地球人与生俱来的权利一样，你就不得不支付租金或抵押贷款。要吃食物，你必须花钱购买，因为除了一些野生的动植物，其余的需要通过勤奋的耕作来种植。为了在一个受污染的环境中生存，或者在一个疾病容易传播的拥挤环境和充满压力的条件下生存，你需要获得药物。当然，你必须为此付费，无论是直接购买保险还是纳税。

为了支付所有这些费用，你必须赚钱，这就是你放弃几乎所有自主权的地方。因为坚持一份工作，你要按照要求去做，或遵守别人给你的书面指示。大多数你能找到的工作都是多余的，这些工作可以通过机器人或奴役一些贫困国家来完成，或者根本不需要做。它们的存在只是为了对你进行控制，剥夺你去做任何不符合技术领域利益的事情的自由时间和能力。

人们最大的开支通常是租金或抵押贷款。每个人都需要一个住的地方，没有人想要无家可归，所以这是技术领域索取赋税的重要机会。"家"一词在金融奴役的背景下带有一种险恶的语气，实际上应该被称为"房屋"。房屋被严格管制为永久且固定的，并且需要与某些公用设施连为一体，以提高你对房屋的依赖程度。房屋价格非常昂贵，使许多人无法承受。无家可归成为一个社会问题，人们为了避免无家可归而被迫忍受各种侮辱。

奴役你的下一张网是由消费级产品组成的。对此，技术领域的策略是采取一些可以让你独立的东西，某种你付一次款便可终生使用，甚至能让你遗赠给孩子的东西，并让你尽可能多地替换，有计划地淘汰它，最好是在每次使用后，将其替换为一次性物品。这不是偶然发生的，而是商学院和工业设计课程中教授的技术。此时，你的任务是避免使用消费级产品，转而依赖工业级产品，因为工业客户在确定适合折旧设备的使用时间方面具有更大的影响力。你还可以即兴创作自己的设计，以使它们能够长期使用并易于维护。

接下来是商业服务，它是要让你尽可能多地依赖于为服务付费。工作是为了让你忙碌，所以你没有时间在提供当地产品的农贸市场或专卖店购物，你也没有时间自己种菜，你只能开车到超市去购买。为了节省更多的时间，你放弃烹饪，选择购买含化学物质和大量卡路里的工业合成食品。你被鼓励去专注你所接受培训的那一项工作，而不是以尽可能多的方式帮助自己和周围的人。

但是，从个人的角度来看，当整个社区决定取消专业化服务并以不涉及金钱的方式为彼此提供服务时，效率要高得多（对于技术领域而言效率低得离谱）。这些服务包括草坪护理和园林绿化，烹饪和餐饮，建筑和改造，农业，渔业，狩猎和采集野生食品，设备安装和维修，汽车维修，家庭援助，儿童保育，家教辅导，理发，制衣，室内装饰，咨询，安葬服务，急救，产前咨询和助产，运输服务，酒店服务和娱乐，等等。一个社区若将所有这些服务内部化和去商业化，便将极大地削弱技术领域的力量。这个社区也可以获得极大的平和感、健康、自由时间、社区精神和幸福。

此外，还有一些技巧，或者说是生活技巧，它们非常强大，值得单独提及。它们给许多人提供了可供学习的逃避技术领域的方法。

船只

避免支付租金或抵押贷款的最有力和最有效的方法之一就是放弃陆上住宅，选择在船上居住。尽管游艇产业着眼于体育和休闲，为有钱人和资金雄厚的运动员提供昂贵、闪亮的一次性塑料玩具，但也有整个社区的人们住在船上，他们乘坐相当实惠的旧船去旅行，人们在发现造船业建造计划即将过时之前建造了这些船只。船上社区会自发地聚集在游艇码头、系泊场和锚地周围，他们相互扶持，互相交换意见，互相帮忙维修、交换零部件以节省零件的开支。

船上社区和陆上住宅的居住成本对比令人惊叹。我在波士顿住了很长时间，波士顿是世界上生活成本最昂贵的城市之一。在波士顿，一处单间公寓需花费约25万美元；而一艘完全适合居住的船则只需不到2万美元。在一个空气污浊的街区，或者在一栋可以看到停车场但布满臭虫的简陋建筑里租一间卧室，每月会花费你2000美元左右；而在码头享受宜人的海风，享受海港和城市天际线的"百万美元景观"，享受健身房和游泳池将只让你每月花费700美元。陆上住客得为假期支付很多，如机票、酒店、租车、餐食，等等；而生活在船上的人们可以乘船前往僻静的锚地，在那里钓鱼、游泳，放松身心，享用家常饭菜，感受无穷乐趣。

陆上住客倾向于堆积垃圾，因为他们有地方存放。他们购买很多几乎不用的器具和工具、几乎不穿的衣服以及家具和收藏品。而那些搬到船上住的人会把所有东西都存放起来，几年后，他们就会意识到自己什么都不缺，只想把这些都扔了。船上空间是有限的，所以人们不得不认真思考该保留哪些，舍弃哪些。到最后你会发现，为了添置一些东西，你必须先决定扔掉一些，所以你自然会倾向于买得少一些。你会突然发现，你不仅没有囤放大量垃圾，还省了一大笔钱。

想买的东西少了，对金钱的需求也就相应减少，因此可以减少工作，多一些时间旅行。这样，就可以有大量的空闲时间来放松、锻炼身体，与其他船客交流。于是，心情变好，健康也得到改善，只要一点点努力，一些不可能的梦想便开始成真。如果事情进展不如你所愿，那么住在船上也可以给你提供一些帮助。如果你失业了，找不到新工作，无法支付租金或抵押房屋的债务，那么你很快就会变得无家可归。而如果你住在船上，你可以搬到一个更便宜的码头，或者你可以搬到一个系泊场（你自己系泊需要支付300美元左右）。再或者，如果你真的身无分文了，你可以抛锚，然后坐小艇靠岸。在波士顿，你可以永远免费停泊在一排百万美元的公寓前。

大城市的生活过于繁忙，人们都忙碌且充满压力，他们没有时间彼此相处，或者说没有时间与你相处，那么你可以起航，然后找一个闲暇宁静、人人欢声笑语的地方。在那里，在海滩上的酒吧喝冰镇啤酒只需花费1美元，而在大多数日子里，你甚至不用离开海滩就能够找到烤梭子鱼当晚餐。

小房屋

不是每个人都可以乘坐帆船，最终驶向热带天堂。有些人被困在一个没有大片水域或者太过靠北的内陆地区，无法全年居住在船上；有些人永远无法克服晕船，或者当他们看不到陆地时会变得焦虑，或者根本不喜欢船。对于这些人来说，建造并搬入一个小房屋可以实现与居住在船上类似的优势。这些小房屋通常被建在拖车上，因此如果当地情况恶化，这些小型房屋可以被拖到更适合居住的地方。如果你需要住在靠近城市的地方，你可以租一个地方给它；如果你想住在靠近大自然的地方，你可以把它拖到草地、湖岸或森林旁边。

如今，一场非常健康的小房屋运动悄然兴起，有兴趣的人可以找到许多相关的资料，小房屋是仅次于船的避免为居住地付出高昂费用的第二种有效的方式。小房屋的建造和维护成本相对较低，它们可以在很短的时间内由任何一个相当熟练的人建造起来，并且它们的设计可以满足建造者的个人喜好。通常这些小型房屋是由回收材料或废弃物制成，相对比较容易从一个地方移到另一个地方。

值得注意的是，小房屋和船之间有一个处于中间地带的居住处：船屋。船屋也不过是驳船上的小房子。小型房屋仍然被认为是房屋，地方当局可以对它们征税，或者声称它们违反某些区域法规或当地法令并勒令罚款。当然，解决方案可以是将它移到草地更绿的地方，或者你还没有待得太久的地方。但是对于船屋来说，有一个万无一失的漏洞可以利用，如果某个权威人士声称这是一所房子，你就在上面安装一个舷外发动机，转上一段时间，再把它拴在码头上——瞧，现在它被证明是机动车，而不是房产了。如果地方当局声称这是一艘船并且不允许在船上生活，那么你可以关闭引擎——瞧，现在它不能凭借自身的力量移动，此时它就成了一座房子，你可以继续在那里生活，因为没有法律说明私人住宅能够漂浮是违法的。

此外还有坐落在陆地上的船屋。这可能看起来很奇怪，但是房屋确实有地下室，可以以最少的额外费用将地下室浇筑为地上的混凝土驳船，而不是像埋在地下的五边形盒子一样浇筑。这种船屋有几个优点：首先，这样的房子从技术上来讲是存放在陆地上的一艘船，监管比实际的房屋更宽松，因此更容易脱离网格化生活；其次，它可以修建在洪水区，当水涨起时，房子浮在桩上；当水退去时，它就沉下来；最后，有了这样的房子，遇到洪水可以看作是机遇而不是危险，因为洪水让你有机会把它移到一个更好的地方。

免费数据

我们碰巧生活在一个数字信息时代，但这个时代可能不会永远持续下去，因为它依赖的设备使用寿命不长，这些设备消耗了大量的能源和稀缺的不可再生资源，如锂、钽、镓或其他许多东西。但是如果它持续存在，我们就不妨利用它。数字信息有一个特别有用的特性，即它可以被复制任意次数而质量不会有任何下降，因为无论复制多少次，1仍然是1，0也仍然是0。

但是，技术领域想要做的是通过基于知识产权法的各种阴谋，向你收取信息访问的费用。不过0或者1或者它们的任意个数的任何组合（二进制，在此指信息）都没有什么高明之处。[①] 知识产权法是很久以前为保护作者、艺术家、发明者等知识分子的权利而制定的法律，知识产权法由此得名。但是这个法规后来背离了它的初衷，变成用于满足技术领域利益相关者和法律代表的需求的法规。

但是，这些法律很容易规避并且很难执行。事实证明，无论你想要什么，你都可以拥有，因为只要它是数字形式，它都是免费提供的。有些人听了这样的话后勃然大怒，认为这是应该受到谴责的，是非法的、不道德的。他们还表示，如果每个人都这样做，将会破坏全球经济，但这一点是无法证明的。就我所知，我

[①] 实际上可以认为，在无理数 π 的无数个数字中的某个地方可以找到每个信息的数字表示形式，这意味着将 π 计算到任意精度，都会违反知识产权法。

们同样可以通过减少不公平的资本集中，轻而易举地改善全球经济。你当然应该尽力不去践踏知识分子的权利：个人作家、艺术家和发明家都应该能够从他们的努力中获得某种经济回报。但是，当涉及明显的非智力公司实体的"知识"产权时，道德论证根本站不住脚。

免费数据具有许多优点。整个图书馆的书、音乐、视频和艺术资源可以存储在服务器上，并通过本地无线网络提供给整个社区。以类似方式提供的软件库可以支持从书籍排版到 3D 建模设计等各种活动。同一社区范围的无线网络可以提供本地 IP 语音移动电话服务。社区网络可以通过视距无线电收发器进行互连，现在这项技术的价格约为 250 美元，速度可达 100 MB/ s，覆盖范围超过 100 公里。类似的链接可以为整个社区或社区群提供互联网访问服务，所有这些设备都可以使用太阳能电池板供电。这种技术可以让分散的社区群体获得大量的知识和信息资源，并保持彼此和外部世界的联系，而无须在购买设备后支付租金。从危害或效益方面分析，它是存在一些危害的，比如设备在制造过程中的确消耗了不可再生的自然资源，并造成了污染，但其效益却非常显著。

自由放养的孩子

强大的、自力更生的家庭与技术领域的追求背道而驰，技术领域追求的是为自己提供一群稳定的、分散的、被疏远的个体，他们易于控制，并屈从于自己的需求。技术领域使用多种策略来削弱和摧毁家庭。例如，技术领域剥夺了家庭谋生的能力，然后以一种向单身母亲提供更多支持的方式向她们提供公共财政支持，从而使父亲在家庭中变得多余。

有一个更重要的策略被技术领域广泛应用，包括两步程序。第一步，是让父母无法抚养和教育自己的孩子，一方面是用繁忙的工作占满父母的所有时间，另一方面是通过建立虚假的、过高的教育标准，使父母自己无法与之匹配。第二步，是剥夺孩子们的童年，迫使他们接受学前教育，然后在他们上学的这些年里，他们几乎学不到有实用价值的东西，而是为上大学做更多的准备。

为了确保有尽可能多的大学生，父母和准大学生们都会收到一系列的宣传，这些宣传会告诉他们，如果没有大学教育他们就无法取得"成功"。这个宣传与现实背道而驰，因为现在只有一半的大学毕业生能够找到与其专业相关的工作。大多数计算机科学专业和工程学专业的大学毕业生仍然可以找到工作（其中许多人最终会讨厌这份工作），但这是因为这些专业对技术领域而言尤为重要。其余大多数学生不过只是走马观花式地接受教育，这个教育的目的不是为了给他们提供教育，而是让他们背负着学生债务，让他们终身成为债务奴隶。

但是，如果想要从技术领域夺取掌控权，那么父母们应该腾出足够的时间来陪伴孩子们，能够自己抚养他们长大并教会他们各种技能，使他们可以运用这些技能来帮助自己和周围的人。孩子们喜欢玩，我们就应该让他们想玩多久就玩多久，但如果给他们一个表现的机会，他们的反应也会非常好。

没有任何理由要求5岁的孩子不能学会浇水和择菜做饭。为什么6岁的孩子不能学会揉面做面包，为什么7岁的孩子不能学会和大人一样钓鱼呢？那些具有机械天赋的孩子们可以从 9 岁或10 岁开始学习修理和检修各种设备。

孩子们有时会坚持学习一些东西：一门外语、国际象棋、历史，这些是最好且最成功的学习模式，因为它们的学习动机来自孩子们的内心。有些孩子天生就有着好奇心，他们会自己尝试做实验，这些是真正应该学习科学和医学的孩子。还有些孩子在很早就被发现有文学天赋，他们必须坚持阅读、写日记、写诗等，这些是应该学习文学的孩子。绘画、音乐、考古学和雕塑也是如此，如果因为缺乏重要的天赋导致学生在其中任何一项上表现平庸，那么所有这些东西都是毫无价值的。很重要的一点是，学校里有很多思想错误的教育工作者，他们认为每个人都应该接受一切的教育，每个学生都应学习任何有价值的东西。

然后是青春期，这是一段漫长的时间，在此期间，一种完全不同的学习方式出现了，这些学习方式同样重要，从事一些生产性活动来分散对荷尔蒙分泌的注意力肯定是有帮助的，而学校不应该成为学习的障碍。青少年通常非常乐意协助做木工、烹饪、绘画、缝纫、建筑、园艺、管道维护、动物护理、电气等工作，由此带来的积极效果是这些青少年从小就拥有快乐的游戏时光、富有成效的奉献精神和自我激励的学习能力，并且凭借多种实践技能脱颖而出。在他们的同龄人在教室里日复一日、年复一年地学习时，他们就开始申请工作了，但事实上他们的同龄人只知道如何按动按钮和在纸上乱涂乱写，而他们却可以跟着一位大师当学徒，在学徒期结束后便开始为自己工作。

......

我发现自己不止一次处在这样的境地，而拯救我的是这样一种简单的认识：我得到的分数就是我给教师的分数。我很慷慨，给了我的老师和教授们"Ａ"，这比他们应得的高很多，我怀疑我现在是否还会对他们如此慷慨。作为一个拥有两个高级学位的毕业生，我想说的是："亲爱的老师和教授们，感谢你们夜以继日的奉献，但我很遗憾地告诉你们，你们其中的大多数老师让我的教育不及格。"平心而论，有一部分老师是优秀的并且给了我很大的帮助，但这二十多年被限制于教室或讲堂中，这些优秀的老师真的屈指可数。

倘若你们觉得挣脱控制对你们而言是一项艰巨的任务，那么想想你们的孩子，让他们按照一个失败的教学计划，把童年和青春的宝贵岁月浪费在徒劳无功的努力上，要么被磨得停滞不前，要么变得四分五裂，这显然是不公平的。如果你们不想为自己做这些事的话，那就为你们的孩子这样做吧！

 伟大的转变

目前为止，你在本书读到的所有内容都是可以选择的，纯粹是为了娱乐，这不是很好吗？然后，你可以读完这本书后，继续生活，好像什么都没发生一样，也许你会考虑你所读的内容，也许也没有。不幸的是，事实并非如此。

无论这种前景是让你高兴还是让你沮丧，技术领域都将令人失望，因为根本没有足够的易于开采、集中、位置便利的不可再生的自然资源来维持全球工业秩序。如前所述，技术领域作为一种单一的、综合的、突现的智能，正处于极端状态中。当它进入垂死挣扎的时候，它之前的掠夺与接下来发生的事情相比可能显得温和得多。

到那个时候，会发生的可怕但现实的场景可能包括以下一些或全部。

第一，我们应该预料到将来可能会发生大范围的核危机。由于社会动荡和控制核设施所需的巨大工业资源基础的消失，我们将无法阻止这种核危机。乌克兰目前的危险性相当高，由于经济危机以及天然气和煤炭的长期短缺，核电站正被用来为峰值负荷以及间歇性负荷提供电力，而不是为基础、恒定负荷供电，这一功能还没有被设计出来。正是这种危险的核反应堆的快速循环导致了四十多年前切尔诺贝利的核泄漏。

第二，我们也应该预料得到，由于人们不顾一切地开发，环境污染越发严重，化石燃料能源效能越来越低，这导致了更严重的气候破坏和生态危机。新的常规石油和天然气几近告竭，这已经迫使全球能源工业开采如页岩油、页岩气、沥青砂和超重原油等破坏环境且无利可图的资源，如委内瑞拉的奥里诺科带发现的重油资源。但是，随着能源投资回报（EROEI）下降到维持大规模工业生产和消费化石燃料所必需的 10∶1 的阈值以下，即使是如此不惜冒险、孤注一掷的举措预计在未来十年内也无法再度生效。

第三，为了控制日益不满、痛苦和叛逆的人民而不顾一切地进行镇压。虽然资源在不断减少，世界各地的人口仍在持续增长。在仍被称为发展中国家的地区，大量城市人口离不开天然气和氮肥。通过在土壤中添加化学物质来提高农业产量的过程被错误地命名为"绿色革命"。随着资源枯竭，产量将大幅下降，食品价格将上涨，而这场革命所创造的人口将会面临饥荒。他们居住的贫民区将变得难以治理，从而导致暴力犯罪和大量移民涌入，这些移民会破坏国家的稳定。气候的快速恶化将使这一问题严重恶化。我们已经看到与气候变化有关的干旱在叙利亚产生的影响，导致了长达五年的内战（由于外国干预而加剧），造成了大范围的破坏，数百万难民涌入欧洲，与他们一起涌入的还有数万名激进的伊斯兰恐怖分子 ①，引发了一波恐怖主义袭击浪潮。西方国家不能应对这些威胁，他们要么被迫采取更为专制的治理方法，要么成为失败国家。

第四，即使是相对稳定和繁荣的国家也面临政治、金融和经济不稳定的高风险，因为之前成功的经济政策已不再发挥作用，

---

① 这些恐怖分子经常被负责打击恐怖主义的同一批西方政府机构利用，这些机构试图证明恐怖分子存在，以此来扩大自己的预算，发挥自己作为政府机构的职能，但无济于事。

没有任何东西可以取代它们。世界各地的经济增长都在停滞不前，这对一个以无止境增长为基础的债务型金融和经济体系来说是致命的。当债务被用来推动经济增长，持续的增长就成为偿还债务成为可能的必要条件。大约十年前，经济增长大多停滞，很多国家无法偿还债务，但为了防止出现破产和违约潮，西方国家和日本央行做出了一个重大的决定，将债务永久展期并允许其持续扩张。因此，金融体系逐渐转变为一个纯粹的金字塔骗局，一旦信心动摇，这个计划就会崩塌。这一进程一直在蚕食就业和服务业的实体经济，以此来支撑摇摇欲坠的金融金字塔，这加剧了财富的不平等，波及年轻一代以及退休人员，甚至摧毁了中产阶级。随着事态的发展，公众的不满情绪必将上升到极端。美国这一全球金融危机爆发的中心有数十万全副武装的好战分子，其中许多是从伊拉克、阿富汗和其他地方服役归来的久经沙场的军人，他们公开否认美国政府的合法性，并以暴力推翻它为目标，他们中的一些人还发起了针对警察的暗杀行动。如果这一波革命恐怖浪潮遵循先前的模式，那么本土恐怖运动将逐渐开始，针对的不仅是警察，还有政治人物、司法人员、军事领导人和其他对政府官僚机构运作至关重要的公众人物。在这种情况下，那些计划继续依赖政府服务的人可能会遭遇恶意的伤害。

令人欣慰的是，大多数读过这本书的人将能够以某种方式逃离所有这些不稳定和动荡。当然，也有人将毫发无伤。在少数国家和地区，稳定和持续的经济活动可能会继续存在，这些国家和地区拥有相对稳定的气候、丰富的自然资源、自给自足的地方工业并且没有人口压力，这是异常幸运的。这些国家和地区或许可以避免不稳定和社会解体，其中一些国家甚至可能成功地实现和平、有序且逐步地过渡到后工业时代。设法提前确定这些国家和地区并在那里寻求庇护当然是有意义的，但我们中只有一部分人能够实施这一计划。

至于我们其他人，仍有许多选择。

第一，利用剩下的时间来缩小技术领域在家庭和社区生活中的作用，争取尽可能多的自主权、自给自足和自由。当技术领域进入失效模式时，尽可能让自己远离技术领域。为自己和孩子留出那些考取无价值的工作资格证书的时间，转而学习那些有用的技能，如修建住所、种植粮食、医疗护理、防卫和安全等，这些技能使你可以自给自足。

第二，在心理上做好准备，训练和装备自己，让自己能够从容应对逆境，甚至可以通过学习如何在浑水中捕鱼来训练利用新环境的能力。毕竟，经济不景气通常会提供大量的赚钱机会（尽管不道德）。在美国，即使枪击事件几乎每天都在发生，枪支制造商和经销商仍在赚取巨大的红利。对于那些不择手段利用这些机会赚钱的人们来说，这样的机会只多不少。但请记住，即使你设法积累了一笔巨款，并想方设法在金融机构和金融工具破产之前将其拿出来，你囤积的钱财可能会难以维系，它将变成负债而非资产，而且价值非常有限，因为一旦工厂大面积倒闭，很多你想消费的东西将不再生产。

第三，放弃准备，试着把每一天都过得最充实，就好像这是你生命中的最后一天，在每一方面都让自己过得自由。毕竟，你对未来的不确定性越大，你就越应该坚持在当前的生活中过一个有意义的、令人满意的、令人难忘的生活。如果你坚持不懈地执行这个计划，你的计划一定会是一次有趣的发现之旅，它可能会把你引领至一个比你通过仔细研究、计划和准备找到的任何地方都更有趣和更有前途的地方。

根据你的情况、性格和能力，以上某些选择可能会适用于你。没有理想的方法，也没有完美的途径。生存很不容易，因此比其他东西更需要灵活性，每一种选择都有其优缺点。

还有一种选择可以考虑。那就是继续做那些你经常被告知去做的事：工作或学习，或者只是与其他人一起浪费时间，坐在恒温大楼的办公椅上，开车上下班，在超市和百货商店购买由柴油卡车和集装箱船提供的物品，使用与全球金融网络相连的塑料卡来支付所有费用，维持着高额的债务，存入存款并期望有一天能拿到自己的退休金……并且相信你的孩子在毕业时能够找到工作，如此周而复始。这个选择有一个明显的优点：它不需要你改变任何东西，它甚至不需要你去思考！但是考虑到你已经读了这么久，如果这本书真的让你印象深刻，那么你可能会发现被动地等待不可避免的结果太伤脑筋了。

让我提出一个更好的方法，一个可以让你安心的方法。让我们将面临的挑战分为长期风险和短期风险，长期风险在短期内我们无法解决，而短期风险我们现在就可以开始准备应对了。然后，作为对我们安全和内心安宁的直接投资，我们可以立即开始着手进行各种准备工作。你可能会惊讶地发现，这样的活动在任何意义上都不是激进或极端的，而是由美国联邦应急管理局（Federal Emergency Management Agency，FEMA）等官方组织和每个拥有此类组织的国家紧急事务部特别推荐的，具体到给你提供应该购买和储存物品的详细清单。根据这些机构的指示，你可以随时撤离，并带上装有你自己和家人的所有生活必需品的行李，包括药品、现金、文件、保暖的衣服等。此外，他们建议你在家中保存数周或数月的食物、水以及其他必需品。这些机构的工作是在紧急情况下帮助你，他们教你如何自救而不是让你等待被救。对于人们来说，提前考虑为自己的救灾做准备，效果会好得多。

至于长期的风险，在此我们必须认识到我们将把什么样的世界留给我们的孩子，并教导他们应该期待什么和我们期待他们做什么。如果我们不能向孩子们解释他们所面临的未来，那么这对我们的孩子来说将是一个极大的伤害，但我们同样不能通过消极的解释来描绘出一幅凄凉和绝望的画面使他们士气低落。一个更好的方法是，教给他们安全、健康和快乐所需要的知识，尽管他们可能会遇到各种问题，然后为他们提供测试知识和实践技能的机会。

关键是你必须向他们展示如何生活，而不是在实践中自相矛盾地教他们理论，因为玩世不恭、虚伪和不诚实等成年人的性格特征，孩子们是无法理解的。孩子通过模仿我们的行为来学习，如果他们与我们的思想相矛盾，那么充其量他们只会简单地忽略我们所说的，而最坏的情况是他们会被我们的行为所困扰。假设你告诉他们，由于燃烧化石燃料他们将目睹环境破坏，而化石燃料将完全消失，没有任何东西可以取代它们，却为了给一间超大号的房子供暖继续烧几百加仑的燃料，开着超大的汽车，在短暂的冬季假期飞到热带地区，然后随心所欲地疯狂购物，买一些你不需要的东西。那么，你教给他们的就是你不值得信任。这无法帮助他们，相反，这些反而会对他们造成精神伤害。对于父母来说，无知的傻瓜比见多识广的伪君子更好，因为傻瓜的道德并不败坏，傻瓜值得怜悯和宽恕，而伪君子两样都不值得。

即使你是一位言行一致的模范父母，"乐于助人"并为孩子提供如何应对所有可预见风险的指导和实践培训，但问题仍然存在：周围社会将继续陷入否认的泥潭，无所作为，坐等经济恢复增长和繁荣的回归，正如他们的民选和非民选的领导人所承诺的那样。你的孩子与大多数孩子一样，通过模仿和循规蹈矩寻求接受和认可，他们如何才能培养一种特殊的心态，既作为家庭的一部分，同时又能继续融入更大的群体。任何这样的想法都是不可接受的，甚至是敌对的吗？答案是你的孩子需要见机行事。在家庭和可信赖的朋友这一核心圈子中，他们可以成为他们自己；而在陌生人中，他们应该被教导展示一个专门为实现各种明确目标而设计的虚拟人设。这是我的经验之谈。我从小就学会了要重视私下分享的知识，真理是一个强大的秘密，必须防止它泄漏到由无知和谎言统治的外部世界。这是一个艰难的教训，但学习如何行动会让事情变得更容易。

长期风险

无论我们做什么，我们和子孙后代肯定会面临一系列可怕的问题，因为我们将生活在一个被技术领域蹂躏、破坏和改变的世界中，这将会影响我们作为一个物种的生存。这些影响甚至有可能导致我们过早灭绝。下面所列的一切情况实际上都有发生，我们虽然都知道这一点，但不知道的是它究竟发生得有多快，或者最终情况会变得多糟糕。这是一些与令人沮丧的反乌托邦小说有关的东西，其中的绝大部分都令人无法想象，我们不仅没有在生活中经历过这样的情况，而且在全人类生存的这数百万年里，都没有亲身经历过，这使得我们在经济、政治、文化和生活各个层面都毫无准备。

第一，海平面上升了 150 米，这使得有三分之二人口居住的沿海城市部分或者全部淹没在水下。同时，日益强大的台风与飓风带来的风暴潮，以及迅速融化的冰川导致的融水脉冲，使得海岸防洪的投资变得毫无意义。最新的预测结果可能仍然过于保守，预计到 2050—2060 年，海平面将上升 3 米，这将足以永久淹没大量沿海地区。[①]

第二，平均温度比进入工业化前上升 15 摄氏度。这会导致热浪摧毁电网以及依靠电力驱动的空调，很多人因中暑死亡从而导致了大城市人口减少，而森林和泥炭沼泽变得干涸而易燃，草原变成了沙丘，以前的农业区也变成了荒漠。

第三，冬季积雪和山地冰川消融。积雪和冰川为主要农业区

---

① 2016 年，在加利福尼亚州圣地亚哥举行的"2016 道路基础设施管理"会议上，来自美国国家海洋和大气管理局（NOAA）的海岸洪水和恢复力科学高级顾问玛格丽特·戴维森在风险管理专业人士面前引用了这些数据。

赖以灌溉的河流系统提供了水源，这些积雪与冰川的消融导致世界上许多国家因大规模饥荒而人口减少。

第四，各种废弃的工业设施将放射性污染物和化学毒素泄漏到环境中，使其附近、下风处、下游地区居民的生活十分危险。

第五，由于细菌的进化比开发新抗生素更快，而气候变暖导致热带疾病蔓延到以前的温带地区，因此增加了流行病和先前可治疗的传染病的患病风险。

第六，由于几十座沿海建造的核设施被不断上升的海水淹没，使得海洋放射性过强而无法捕鱼。鉴于海洋体量巨大，放射性核素仍将非常分散，但它们会被生物体聚集起来，在食肉动物中达到很高的浓度，在顶级食肉动物——人类中达到最高。

第七，海洋从大气中吸收由化石燃料燃烧产生的二氧化碳，因此呈酸性，并开始溶解由石灰石组成的海岸线，把它们侵蚀成覆盖着裂缝和天坑的景观，无法通行。

第八，大多数自然资源，如金属矿石和矿物质、肥沃的土壤、森林、渔业和野生动物种群的数量大幅减少，以至于人们无法用非工业方法对其加以利用。

第九，到处都有处于困境的人，大部分人完全不习惯于借助当地现成的材料、简单的工具以及自己的智慧在自然环境中生存。

上述这些情况可能足以让某些人心胆俱裂，惶惶不可终日，但我希望你会认同这样的做法是不正确的。毕竟，我们还没有真正走到这一步，所以我们不妨继续努力活下去。也许我们再也无法阻止这些问题的出现，但我们可以采取措施保护自己免受其影响。

例如，我们可以学习如何在没有政府帮助的情况下自行检测不安全的化学物质或放射性污染。事实证明这是非常必要的，因为每当发生严重的核事故或化学事故时，政府似乎都会做同一件事：撒谎。苏联政府对乌克兰切尔诺贝利灾难后的放射性、污染程度撒了谎。日本政府对福岛第一核电站多次熔毁造成的放射性污染事件撒谎并继续编造谎言。[①] 其他国家政府则对从日本进口的具有放射性的海产品和大米的安全性撒谎，而不是敦促日本出台法规以防止其放射性污染。密歇根州政府官员对密歇根州弗林特的饮用水铅污染程度毫不留情地撒谎。美国各级政府官员对"9·11"事件中纽约世贸中心拆除三座摩天大楼造成的粉尘危害以及石油和天然气中的有毒物质和放射性物质泄露撒了谎，并且谎言还在持续。因此，每当发生涉及化学或放射性污染的严重事故时，我们有理由预计政府可能会对此撒谎，因此你必须学会如何通过自己的观察和测量来找出真相。[②]

准备应对长期风险是一项跨越数十年的代际项目。不稳定气候带来的一些破坏可能不会直接影响你，但它们肯定会影响到你的子孙后代。尽管意识到这些长期风险有利于形成对未来的切合实际的预期，但在你日常生活中很难考虑到这些风险，也很难将这种意识直接转化为决定性的、有目的的行动。即使在一个家庭

---

① 大多数政客本能地倾向于事情表象而不是实质。在这两次核灾难中，苏联和日本政府都坚持认为反应堆正在被冷却，忽略了反应堆不再存在的证据——反应堆融化了，它们的核燃料消失在地下。

② MILLENIUM C, SAN GIORGIO P. NRBC：Surviving Nuclear, Radiological, Bacteriological and Chemical Accidents [M]. NY：ClubOrlov Press, 2017.

中，也很难就未来可能产生的影响达成共识，因为其影响的范围和时间仍然不确定。如今还存在另外一些无可争议的风险，这些风险存在于此时此地。从个人、社会、国家和全球的各个层面来看，各种各样的短期危机和破坏在任何特定时间发生的可能性都很小，但你所面临的这些情况是始终存在的，会随着时间的推移而积累，因此有必要现在就处理。

短期风险

如果你做的事情不安全，但只是偶尔做了几次，那么你很有可能会摆脱它；但如果你养成了习惯，那么你很可能就没有机会了。例如，如果你曾经冒险酒后驾车一两次，那么你开车撞死别人的可能性很小；但如果你每周都冒这个险，那么这种可能性就会逐渐变成必然。

如果某种行为导致不良结果的概率是一个非常小的数字 p，则 p 更接近 0 而不是 1（其中 0 是不可能的，1 是绝对确定的），如果 n 是你参与其中的次数，那么不良结果的累积概率可以计算如下：

$$\sum_n p = p_1 + p_2 + \cdots + p_n$$

对于不确定的数字 n，不良结果的概率大于 1。

持续性风险的发生与间歇性或偶然性风险的发生之间的区别是至关重要的。只有在出现不良后果的可能性很高的情况下，准备应对间歇性或偶然性风险才有意义。但在风险不断暴露的情况下，即使概率非常低，也要做好准备。例如，你可能不会为东京的短途旅行配备辐射剂量测定设备，但如果你打算住在那里，那么就应该采取一切措施，因为东京的污染可能相当严重。同样，如果你只是经过一个犯罪率和谋杀率都很高的城市，比如芝加哥，武装自己或参加自卫课程可能没有意义，但如果你打算在那里待一段时间，你可能应该考虑这样做。

我们每个人几乎都面临着一些较低等级但持续存在的风险，但每天都存在较低风险的事实不应该掩盖另一个更重要的事实，即随着时间的推移，风险累积的概率可以接近100%。此外，许多风险会随着时间的推移而增加：洪水、飓风、热浪等极端天气事件会不断增多；金融和经济体系会变得越来越不稳定，导致世界各地的人们收入和储蓄减少，无法购买自己需要的东西；国内动乱、暴乱和犯罪浪潮不断增加。毋庸置疑，全球整体趋势更加不稳定了。

在密集的、鳞次栉比的城市环境中生活还涉及许多额外的风险。作为一种统一的背景效应，无论人们（或者动物）被限制在何种拥挤的环境中，他们都会变得敏感或具有攻击性。危机状况使这种影响凸显。在大城市，一旦停电，城市就会乱作一团。第一大风险是在严重的社会不平等和不公正的情况下，悲惨的人民生活在压抑的愤怒之中，我们可以预期，大规模的抢劫、袭击和大混乱几乎会立即爆发。另一大风险是城市居民完全依赖基础设施服务，仅仅停止供水或垃圾清理就能在几周内使人们厌恶城市生活。那些生活在这种持续风险中的人需要提前计划，在危机来临前做好准备。

以下三种不同的计划对此都很有帮助，你应该同时制定每种计划方案。

一是留在原地，渡过难关。这需要准备食物、水、药物和其他用品（如烹饪燃料、煤油灯、蜡烛、安全措施和自卫武器等）。

二是准备撤离。带上一个袋子，里面装满紧急撤离的所有必需品：衣服、文件、现金，燃料储备或是一张空白支票。制定一条逃生路线，并安排好渡过危机的临时目的地。

三是在乡村或小镇中安家。那里应配备有足够的装备，使你和家人能够在最少的外部帮助下在该地区生存更长的时间。除了食物和水这类短期储备，那里还应包含易货商品，如香烟、酒类、弹药等，并能通过种植食物、采集野生食物、狩猎和捕鱼为自己提供独立的生存手段。

这三个计划配合起来效果会更好。在危机爆发时，通常很难判断将持续多久，在形势变得明朗前，需要制定一个合理的行动计划。在某些情况下，危机将在你的库存耗尽之前结束：洪水退去，电力恢复，法律和秩序恢复，堆积成山的垃圾被运走，商店重新进货开张……但随着技术领域的资源日益匮乏，每次危机后的复苏期可能会越来越长。在某些时刻，复苏将变得不可能。随着海平面上升，沿海的低海拔海堤和社区一旦受到飓风的破坏，可能永远无法修复。即便可以，修复过程将花费太长时间，使你无法留在当地，不得不撤离到更安全的地方。在那里，你需要仔细观察周边情况，最终决定是原路返回还是另寻他处。

显然，最好的安置地点是自己的家园。在这里，你有无限多的选择，家园可以是别墅、农舍、游艇、帆船、小房子、露营车、帐篷，它甚至可以是一个集装箱，停放在一块土地上，装上你需要的所有工具和用品。所有这些家园形式都有两个共同点：一是它们必须提前建造完成；二是你需要在被迫入住之前试着住在那里，不能等到危机到来时再去尝试，才发现某些重要物品缺失或失效。

我们必须接受一个不幸的事实，那就是我们几乎无法控制未来几年和几十年内的巨变。技术领域目前提供的几乎所有东西，我们都认为理所当然——金钱、购物、电力、自来水、垃圾清理、警察保护、公路运输、航空旅行、互联网接入、手机覆盖、紧急服务、政府服务和医疗保健等，但它们在某些时刻可能会停止运行，我们就无法使用它们。我们可以控制的是是否为不测事件做了准备，以及准备是否充分。

绝大多数人几乎不会做任何准备。他们只会在灾难发生时，跑到最近的商店，清空所有有用的物品。然后，大多数人会被动地等待救助，如果迟迟没有救援，他们就会痛苦地抱怨。不用说，这并不是一个好计划。对你来说，把每件事做好容易，让你做得更好有点难，但也有可能完成；对你来说，把每件事做到最好特别难，但绝不是不可能完成。在准备过程中，你会把自己变成完全不同的人，一个可能在技术领域之外过着一种令人相当满意的生活的人。

超越自己

在转变的过程中，第一步实际上很简单：你必须学会如何超越自己。我们都是习惯性的生物，这限制了我们的能力。大多数人一生只习惯性地做三件事：照吩咐的去做，满足自己的需求，放纵自己的欲望。但是为了向自主、自给自足和自由过渡，我们需要再养成一种习惯，一种元习惯，如果你愿意的话，就打破自己的惯性。这种习惯是在强迫行为难以控制之前警惕并压制它。这种元习惯可能让我们遵循自己的意志，以理性、果断和自我激励的方式行事。

我已经这样做了，改掉了许多大大小小的习惯。例如我的一件小事，我曾经吸烟很多年，但我现在不吸了。尼古丁是最容易上瘾的，比海洛因更甚，我试了几次才最终戒烟成功。我不喜欢吸烟对我的健康和幸福感所造成的伤害。我看到老年人总是声音嘶哑、呼吸急促、不停地咳嗽，但他们仍在吸烟，这令我感到很不安。因为我不想像他们一样拥有不健康的身体，我也讨厌把钱浪费到烟草上。事实上，吸烟让我察觉到自己意志薄弱，意志力的缺乏对我生活的其他方面也产生了负面的影响。

有一天我意识到：戒烟比抽烟要容易得多！如果你想抽烟，你必须赚钱，买烟丝，卷烟（自己卷是为了省钱），点烟，抽烟，吸气，呼气，把烟抽完，过一会儿再来一根，所有这些都只是为了感觉"正常"。所有这些活动都是不必要的！现在，将其与不吸烟进行比较：坐下，双臂合拢，闭上眼睛，然后想"去你的！"。这里的"你"是指原来的你——他吸烟，咳嗽，意志薄弱，是个失败者，显然你不喜欢也不太尊重他。你所要做的就是从心理上解除自己与原来的你的关系。当然，在相当长一段时间内，你都会感觉不"正常"，但你确切地知道原因，就好像任何疼痛或不适，如果你知道原因，这并不危险，你甚至可以学会去享受它！枪伤带来的疼痛是剧烈的疼痛；长时间骑自行车后肌肉酸痛是很好的疼痛。事实证明，如果你用心去做，戒断症状带来的疼痛可以转化为良好的疼痛。

　　大多数习惯也是如此：你不再是你厌恶的那种缺乏意志力的人，你变成了一个有意志力和自尊的人。年老的、讨厌的、意志薄弱的你仍然存在于身体的某个地方，但却无法做出更多的决定。我对戒烟有一个奇怪的认识，它实际上是一项有用的锻炼方法：对尼古丁上瘾，然后克服这种瘾，并掌握一种几乎完全抑制你上瘾的方法。学会打破你最强大的习惯并克服你最强烈的欲望，就可以更容易地克服其他的习惯。我并不是说建议你为了锻炼而开始吸烟，我相信你还有很多其他的东西可以戒掉。

死亡之旅

　　一旦你克服了自己的习惯，下一步便是克服恐惧并获得自信。

当我和妻子卖掉房子和汽车，搬到一艘帆船上时，我经历了这一过程。我高兴地辞掉了公司的工作就走了。那时，我们只有不足一天的航行经验。这艘破船对我们来说是全新的，有许多我一无所知的小问题。我们第一次出海航行是从波士顿到缅因州，那里的海岸线参差不齐，有许多暗礁隐藏其中，它基本上是一个巨大的岩石堆，暗流迅猛，有许多潜在的危险。天气变化无常，常常很恶劣，即使在夏天，也可能在有雾的同时刮大风。

从波士顿到波特兰的一夜旅程平安无事，但当我们穿过卡斯科湾向更远的北方出发时，太阳刚一落山就刮起了大风。接着，自动驾驶仪坏了。我没有在黑暗中穿过布满岩石的岛屿，而是决定前往开阔的大西洋。我调整了船帆，绑好了舵柄，这样船就可以迎风行驶，我们就不用掌舵了。等风停了，我们离任何一块岩石都很远了，我扯下船帆睡着了。黎明时分，我们出发前往位于佩诺布斯特湾欧豪特岛的一个十分舒适的小港。在那里，我们停泊了几天，我们徒步旅行，采摘野生蘑菇，在岛上的湖里游泳。

对于一个有经验的水手来说，这一切听起来相当乏味：北大西洋短暂的夏季大风，自动驾驶仪失灵（就像它们随时都会这样），船长发出正确的指令以避开陆地，设定合理的近距离航线以实现自动驾驶，然后驾船离开。但对于当时还是航海新手的我来说，有过短暂的恐惧时期：我累了，在黑暗中颠簸的船上，船帆啪啪作响，我被迫迅速做出决定。我们从来没有遇到过这样的危险，在我看来，这个地方并不舒适。

几千海里后，我们被飓风"伯莎"的漩涡困住了，我几乎重访了哈特拉斯角附近那个令人不安的地方。我们离开佛罗里达几天，沿着海岸，计划在北卡罗来纳州登陆。但是一场逆潮风暴来袭，狂风咆哮，当时我们刚进入较浅的沿海水域，海水变得异常汹涌，简直不可思议。果然，自动驾驶仪再次出现故障，船身意外地回旋，鹅颈管从桅杆上扭了下来，航行变得相当困难。当我试着发动引擎时，它没能启动，这使得在引擎下继续前进变得相当困难。风浪把我们推向海滩。

就在那时，我做了一个决定，在高频频道16上呼叫海岸警卫队，请求把我们拖过海湾入口。任何经历过这种情况的人都知道，一旦你与海岸警卫队取得联系，你基本上就是在不断地喊"救命"，你只能听从他们的命令。一切都进行得很顺利，我们向海湾驶去，一艘拖船从我身边驶过，我试了三次才把缆绳系在船头。之后的感觉就像冲浪一样。拖船船长打开了节流阀，我们真的滑进了水湾，碧绿的海水扫过甲板，把我们淋得湿透了。一旦进入入口，海面就变得极其平稳。我们花了整整15分钟，才把从甲板上扫下来冲出驾驶舱的拖在我们后面的绳索全部卷起来，然后我们被拖到了码头。

我说我几乎重新回忆起那个令人不舒服的地方，但是实际上我没有。我只是命令自己闭嘴，做好我的工作。在那之后，我对自己和我自己扮演的角色感到十分平静。实际上，我觉得周围那些巨大的水瀑十分有趣，水瀑向上冲，在我们周围哗啦哗啦地流着，浪花从浪尖上垂下来，浪花中还夹杂着飞溅的泡沫球。我想这就是蚂蚁在刮风下雨的日子里抬头看卷心菜地时看到的景象。我们被拖到码头，码头上的人一直用录像机拍摄，显然他们对我们印象深刻，因为我们一靠岸，他们就递给我们几罐啤酒以示欢迎。

……

有一句话我很喜欢：冒险是无能的表现。

我发现这其中有很多道理，毕竟，完美的专业人士不会去自寻险境，他们也很少经历。当你达到一定的能力水平后，你只要在执行计划的同时一直保持安全，冒险就变成了例行公事。毕竟，如果你了解得更多，为什么还要冒不必要的风险呢？这就是为什么不称职的人的冒险听起来是个有趣的故事，而有能力的人的冒险故事就不一样，因为他们经历的根本不是真正的冒险，而是随机的灾难。

这句话也意味着，如果你意识到自己无能，但又不想继续这样下去，你或许应该出去冒险。如果你活了下来，不仅可以获得某种程度的能力（在极端情况下学到的经验教训不会很快遗忘），也会获得某些其他品质，如自信、勇敢、平静的心态。尽管你能力有限，也能更从容地面对任何逆境。

更进一步地说，你可以把无能的生存冒险当作是一种特殊的技能。鉴于在未来的某个时刻，我们都会有些无能。是的，说到未来的生存，我们都是业余爱好者。当然，为了提高能力，还有许多事情值得学习，但也许你应该通过一些冒险来更好地弥补你的无能。

索 引

后　记

对于一个从痴迷于政治手段到惊慌失措、摇摆不定，再到内心专注、下定决心开辟一条新道路的人来说，这种转变必然会带来一定程度的痛苦。读完这本书也许可以帮助你开始转变，但是这取决于你自己。至少以我的经验来看，要克服的最大的恐惧是走出自己的世界，去接受另一种身份——一个可以勇往直前、面对现实的人的身份。

当我们在文明社会中成长时，我们接受衡量、评估、教育和培训，获得执照和资格证书，最终被分类并分配到适合我们的位置。在这个过程中，我们会变得非常依恋这个强加给我们的身份，并且非常不愿意走出这种设定。我们这么做的时候，通常是在度假的时候。因此，把这种转变想象成一次永久性的度假或许有所帮助。如果我们克服了这种害怕失去我们在社会中指定的位置的恐惧，那么许多其他的恐惧就会消失。理性的恐惧，即建立在对危险的准确感知基础上的恐惧确实存在，也应该继续存在，但走出自我、成为他人的非理性恐惧往往会消失。这使我们能够做出巨大的改变，适应新的环境，并在这个过程中使自己获得自由。